T0380688

BestMasters

Mit **„BestMasters“** zeichnet Springer die besten Masterarbeiten aus, die an renommierten Hochschulen in Deutschland, Österreich und der Schweiz entstanden sind. Die mit Höchstnote ausgezeichneten Arbeiten wurden durch Gutachter zur Veröffentlichung empfohlen und behandeln aktuelle Themen aus unterschiedlichen Fachgebieten der Naturwissenschaften, Psychologie, Technik und Wirtschaftswissenschaften. Die Reihe wendet sich an Praktiker und Wissenschaftler gleichermaßen und soll insbesondere auch Nachwuchswissenschaftlern Orientierung geben.

Springer awards **“BestMasters”** to the best master’s theses which have been completed at renowned Universities in Germany, Austria, and Switzerland. The studies received highest marks and were recommended for publication by supervisors. They address current issues from various fields of research in natural sciences, psychology, technology, and economics. The series addresses practitioners as well as scientists and, in particular, offers guidance for early stage researchers.

Jeanette Kollien

Digitale Nachhaltigkeit als Leitmotiv für Kommunikationsplattformen

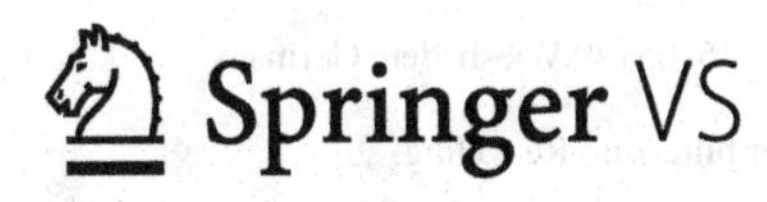

Jeanette Kollien
Medien
Fachhochschule Kiel
Kiel, Deutschland

ISSN 2625-3577 ISSN 2625-3615 (electronic)
BestMasters
ISBN 978-3-658-46520-9 ISBN 978-3-658-46521-6 (eBook)
https://doi.org/10.1007/978-3-658-46521-6

Die Deutsche Nationalbibliothek verzeichnet diese Publikation in der Deutschen Nationalbibliografie; detaillierte bibliografische Daten sind im Internet über https://portal.dnb.de abrufbar.

Planung/Lektorat: Daniel Rost
Springer VS ist ein Imprint der eingetragenen Gesellschaft Springer Fachmedien Wiesbaden GmbH und ist ein Teil von Springer Nature.
Die Anschrift der Gesellschaft ist: Abraham-Lincoln-Str. 46, 65189 Wiesbaden, Germany

Danksagung

Das vorliegende Buch ist eine leicht überarbeitete Fassung meiner Masterthesis, die im Fach der Angewandten Kommunikationswissenschaften an der Fachhochschule Kiel im Herbst 2023 angenommen wurde. Die Arbeit wurde von mehreren Personen begleitet, denen ich von Herzen danken möchte:

Prof. Dr. Boris Pawlowski und Prof. Dr. Carsten Schlüter-Knauer für die Betreuung dieses großen Projekts sowie die kontinuierliche Ermutigung zur Weiterführung des Themas. Meinen Interviewpartner:innen – Dr. Anne Mollen, Dr. Eva Kern, Dr. Johanna Pohl, Dr. Malte Engeler, Prof. Dr. Matthias Stürmer, Dr. Maximilian Blum, Dr. Nicolas Guenot und Rainer Rehak – für ihre Zeit und die Bereitschaft, mit mir zu sprechen.

Den Teilnehmer:innen der Politikwerkstatt zu Digitalisierung und sozial-ökologischer Krise 2022/23 vom BUND e. V., von und mit denen ich viel zum Thema gelernt habe.

Meinem Partner und meiner Schwester für ihren tatkräftigen sowie mentalen Support und auch für den kritischen Blick beim Korrekturlesen.

Kiel
September 2024

Jeanette Kollien

Abstract

Sustainability is primarily associated with resource scarcity, climate crisis and environmental protection. In addition to ecological issues, sustainability also affects economic and social areas. Information and communication technologies play an important, but above all a dual role, as they drive negative developments on the one hand, but can also be the basis for sustainable developments on the other. This work examines concepts of digital sustainability and combines them with the assessment of interdisciplinary experts in order to specifically evaluate the sustainability of communication platforms. The analysis is dedicated to the topics of greenhouse gas emissions, hardware production, electricity and resource consumption, but also the diverse social consequences of surveillance capitalism, exploitative platform work, data monopolies or algorithms that promote anti-democratic processes. The results form a catalog of criteria for digitally sustainable communication platforms.

Verwendete Programme und Hilfsmittel

Dem Geiste ihres Themas folgend wurde diese Arbeit datenschutzfreundlich und vollständig mit freier Software erstellt. Die Leitfadeninterviews wurden über das Videokonferenzsystem BigBlueButton über Server in Deutschland geführt, die Transkription erfolgte mit einem Plugin des Schnittprogramms kdenlive, die Auswertungen der qualitativen Analysen wurden in Libre Office vorgenommen, Grafiken mit GIMP und InkScape gestaltet und die Arbeit selbst mit LaTeX auf einem Debian-Rechner geschrieben.

Geschlechtergerechte Sprache

Hinsichtlich der sprachlichen Berücksichtigung und Gleichstellung aller Geschlechter hat sich die Autorin vorrangig für die Verwendung von Ersatzformen und die Doppelpunkt-Schreibweise entschieden und auf die Paarnennung zurückgegriffen, wenn dies im jeweiligen Kontext sinnvoller schien.

Geschlechtergerechte Sprache

Inhaltsverzeichnis

Abkürzungsverzeichnis

ADM	Algorithmic Decision Making
AIA	Artificial Intelligence Act
BGR	Bundesanstalt für Geowissenschaften und Rohstoffe
CVK	Computervermittelte Kommunikation
DMA	Digital Markets Act
DSA	Digital Services Act
DSGVO	Datenschutz-Grundverordnung
EFFACE	European Union Action to Fight Environmental Crime
EU	Europäische Union
EWR	Europäischer Wirtschaftsraum
FOSS	Freie und Open-Source-Software
GAMAM	Google, Amazon, Meta, Apple und Microsoft
HDI	Human development index
HLPF	High Level Political Forum
HTML	Hypertext Markup Language
IDC	International Data Corporation
IKT	Informations- und Kommunikationstechnologie
IoT	Internet of Things
IPBES	International Science-Platform on Biodiversity and Ecosystem Services
IPCC	Intergovernmental Panel on Climate Change
KI	Künstliche Intelligenz
MDG	Millenium Development Goals
NetzDG	Netzwerkdurchsetzungsgesetz

NGO	Nichtregierungsorganisation
SDG	Sustainable Development Goals
TCP/IP	Transmission Control Protocol/Internet Protocol
TOM	Technische und organisatorische Maßnahmen
TRIPS	Übereinkommen über handelsbezogene Aspekte der Rechte des geistigen Eigentums
UNCED	United Nations Conference on Environment and Development
URL	Uniform Resource Locator
UEEE	Gebrauchte Elektrogeräte
UMTS	Universal Mobile Telecommunications System
WAP	Wireless Application Protocol
WEEE	Elektroschrott
WTO	Welthandelsorganisation
WWF	World Wide Fund for Nature
WWW	World Wide Web

Abbildungsverzeichnis

Tabellenverzeichnis

Ohne aktive Gestaltung birgt der globale digitale Wandel das Risiko, die Gefährdung der natürlichen Lebensgrundlagen der Menschheit weiter zu beschleunigen. Ohne Regulierung und demokratische Kontrolle kann er auch den Zusammenhalt unserer Gesellschaften gefährden, Grund- und Menschenrechte verletzen und unsere Demokratien schwächen. Nur wenn die Nutzung digitaler Technologien in eine Strategie nachhaltiger Entwicklung eingebettet wird, kann sie auch einen positiven Beitrag für unsere gemeinsame digitale Zukunft leisten.

Wissenschaftlicher Beirat der Bundesregierung für Globale Umweltveränderungen (WBGU) in:

Unsere gemeinsame digitale Zukunft

1 Einleitung

Kommunikations- und Medienwissenschaften beschäftigen sich seit Jahrzehnten mit Fragen nach den psychologischen, kulturellen und gesellschaftlichen Folgen von Medien auf Individuen, soziale Gruppen oder ganze Generationen. Dabei fokussiert sich die Forschung insbesondere seit den späten 2000er Jahren auf etablierte soziale Medien und deren Einfluss auf unser Surf- und Konsumverhalten, nicht zuletzt auch, um ihre kommerzielle Nutzbarkeit zu analysieren. In den letzten Jahren ergeben sich darüber hinaus aber auch Fragen nach der Bewertung der Nachhaltigkeit von digitalen Plattformen. Dabei geht es einerseits um die Funktionsweise der Technologien selbst und ihren Umgang mit gesammelten Informationen, andererseits um ihre Marktmacht und die Auswirkungen auf Menschenrechte und demokratische Prozesse, aber auch ihren Ressourcenverbrauch und die Folgen für Umwelt und Biodiversität. In Zeiten eines umschreitenden Klimawandels und auf dem Höhepunkt der digitalen Revolution ist ein Diskurs darüber, wie digitale Plattformen nicht nur selbst nachhaltig nutzbar sind, sondern auch global und gesamtgesellschaftlich zu einer stärkeren Nachhaltigkeitsentwicklung beitragen können, dringend geboten. Die Diskussion muss dabei zudem über die Beschäftigung mit neuen, vermeintlich „grünen" Technologien hinausgehen und sich stattdessen kritisch mit Marktprozessen, Produkten und Netzwerkeffekten auseinandersetzen.

Die hier vorgestellte Arbeit will den Versuch einer Zusammenführung von Informations- und Kommunikationstechnologie (IKT), sozialen Medien und globalen Nachhaltigkeitszielen wagen. Im Zentrum steht die Untersuchung, welche Nachhaltigkeitskriterien grundsätzlich auf Kommunikationsplattformen übertragbar sind und wie damit ein Leitmotiv entwickelt werden kann. Diese Frage bezieht neben medien- und kommunikationswissenschaftlicher auch ökologische und informationstechnologische Forschung mit ein und wirft zudem einen prüfendenden Blick auf Kapitalismusfolgen und Machtungleichgewichte.

J. Kollien, *Digitale Nachhaltigkeit als Leitmotiv für Kommunikationsplattformen*, BestMasters, https://doi.org/10.1007/978-3-658-46521-6_1

Nach einer kurzen Einführung ins Thema werden die Forschungsfragen und die Methodik vorgestellt. Das zweite Kapitel widmet sich der Erläuterung des Nachhaltigkeitsbegriffs, während das dritte Kapitel darauf aufbauend die Rolle der Digitalisierung in den aktuellen sozialökologischen Krisen erörtert. Anschließend werden verschiedene Konzepte von Nachhaltigkeit im Kontext von Digitalisierung untersucht und im Rahmen der Leitfaden-Interviews kommen Expert:innen zu Wort, die bereits Pionierarbeit in dem Fachbereich geleistet haben. Mittels der gewonnenen Erkenntnisse wird dann ein Prototyp für einen Kriterienkatalog zum Zweck der Nachhaltigkeitsbewertung von Kommunikationsplattformen konzipiert.

1.1 Ubiquität des Netzes: Ein historischer Abriss

Die Entwicklung des Internets wird als wichtigster Teil der *Digitalen Revolution* begriffen und kennzeichnet einen Umbruch fast aller Lebensbereiche zum Jahrtausendwechsel fast überall auf der Welt. Der Urahn des heutigen Netzes war das ARPANET (*Advanced Research Project Agency Network*), das ab 1968 in den Vereinigten Staaten mehrere Forschungsinstitute miteinander vernetzte, um Daten austauschen und aufwändigere Berechnungen anstellen zu können. Das ARPANET, das als militärisches Forschungsprojekt begonnen hatte, wurde ab den 1980er Jahren ein allgemein zugängliches, dezentrales Computernetzwerk. Parallel dazu wurden – vor allem mit dem Aufkommen der E-Mail – Kommunikationsstandards wie das Transmission Control Protocol/Internet Protocol (TCP/IP) entwickelt, die wir bis heute nutzen.

1989 entstand am Schweizer Forschungsinstitut CERN das World Wide Web (WWW), das auf der Hypertext Markup Language (HTML) beruht, einer Auszeichnungssprache zum Darstellen von Webseiten. Diese sind durch Hyperlinks miteinander verknüpft, was eine Einführung weltweit eindeutiger Internetadressen (Uniform Resource Locator (URL)) ermöglichte. Das System wurde 1991 unter Verzicht auf Patentierung der Öffentlichkeit zur freien Verfügung gestellt und verbreitete sich rasch, Computer wurden effizienter und preisgünstiger, wodurch das „Netz" in nur wenigen Jahren zum wichtigsten Medium für Informationsaustausch wurde.

Ein zweiter Meilenstein war die Entwicklung des Smartphones. Dessen Ursprünge reichen ebenfalls zurück bis in die frühen 1990er Jahre, als neben den ersten, vergleichsweise großen und leistungsschwachen Mobiltelefonen das *Simon* von IBM auf den Markt kam, mit dem Faxe und E-Mails versendet werden konnten. Nokia brachte 1999 das erste Mobiltelefon heraus, das das Wireless Application Protocol (WAP) beherrschte – eine Technologie, die sich aufgrund ihrer langsamen

Verbindungsgeschwindigkeit von 9,6kBit/s aber zunächst kaum verbreitete. Das vierzig mal schnellere Universal Mobile Telecommunications System (UMTS) – 3. Mobilfunkgeneration, 3G – setzte sich ab den 2000er Jahren hingegen durch, wenn auch langsam.[1] Allmählich verbesserten sich auch die eingebauten Kameras und GPS-Empfänger, die Bedienbarkeit der Displays und die Leistungsfähigkeit der Prozessoren.

Mit dem ersten *iPhone*, das Apple 2007 einführte, und dem ein Jahr später das erste äquivalente Gerät von Google mit dem Betriebssystem Android auf Basis des Linux-Kernels folgte, begann der Umbruch im Mobilfunkmarkt. Der Begriff „Smartphone" wurde genutzt, um die neue Ära von der der herkömmlichen „mobilen Telefone" abzugrenzen. Die schnelle Verbreitung der Geräte zog die Entstehung von neuen Kommunikationsdiensten und Plattformen nach sich, wie dem AppStore und dem Google PlayStore (2008), WhatsApp (2009), Instagram (2010) und die ersten Cloud-Angebote[2].

Der Trend zur mobilen Nutzung zeigt sich vor allem in Webseitenstatistiken: 2012 lag der Anteil des Webverkehrs über Mobiltelefone noch bei 10,7 %, 2022 liegt der Anteil auf dem bisherigen Maximum bei 58,3 % (Statcounter 2023). Heute findet mehr als die Hälfte des gesamten Webverkehrs mobil statt. Diese Werte verhalten sich kongruent zu der absoluten Verbreitung von mobilen Endgeräten: Der Gesamtversand von Smartphones weltweit stieg von 174 Millionen im Jahr 2009 auf mehr als das Achtfache, knapp 1,48 Milliarden im Jahr 2016. Seitdem bewegt sich der jährliche Verkauf von Neugeräten etwa zwischen 1,2 und 1,5 Milliarden (O'Dea 2021).

Noch etwas weniger deutlich absehbar ist das Wachstum der Daten insgesamt. Ein Bericht der International Data Corporation (IDC) im Auftrag des weltgrößten Festplattenherstellers Seagate schätzte 2018 die Gesamtmenge aller globalen Daten auf 33 Zettabyte[3] und errechnete einen Anstieg bis 2025 auf 175 Zettabyte (Reinsel et al. 2018). Diese Datenmenge befindet sich zudem in einem ungleichmäßigen Fluss

[1] Im Jahr 2000 versteigerte Deutschland die Lizenzen für UMTS-Frequenzblöcke für insgesamt fast 100 Milliarden DM. Die Lizenzen wurden unter der Auflage, innerhalb von fünf Jahren die Hälfte der Bevölkerung mit UMTS-Diensten zu versorgen, vergeben und sorgten für die vorherrschende Netzaufteilung unter *Vodafone*, *E-Plus*, *O_2* und *T-Mobile*.

[2] Der Begriff „Cloud" reicht ebenfalls zurück in die 1990er Jahre und ist der damals entstandenen und bis heute in der IT üblichen Darstellung des Internets als Wolke mit dem Symbol „/0" entnommen. Heute ist mit dem Begriff „Cloud" die externe Speicherung von Daten oder der externe Ablauf von Programmen auf Servern in großen Rechenzentren gemeint. Dass Cloud-Lösungen zwar praktisch sind, jedoch nicht unfehlbar, zeigte zuletzt der große Brand im Rechenzentrum des französischen Anbieters OVH, bei dem Millionen Dienste und Webseiten betroffen waren und viele Daten unwiederbringlich verloren gingen (Holland 2021).

[3] Ein Zettabyte sind 10^{21} Byte, also eine Milliarde Terabyte.

aus Up- und Downloads, wobei den größten Anteil Streaming-Angebote haben. Eine Erfassung der Netzauslastung durch die Covid-Pandemie im Frühjahr 2020 zeigte, dass Streamingdienste wie Netflix oder Disney+ zwischenzeitlich mehr als 60 % der Kapazität des Netzes beanspruchen; der weltgrößte Internetknoten in Frankfurt habe beim durchschnittlichen Datendurchsatz einen Weltrekord von 9,1 Terabit verzeichnet (Wenzel 2020).

2015 haben Andrae und Edler Abschätzungen hinsichtlich des weltweiten Stromverbrauchs für IKT zwischen 2010 und 2030 errechnet. Die Analyse zeigt, dass IKT im ungünstigsten Fall 2030 bis zu 51 % des weltweiten Stroms verbrauchen und für 23 % der weltweit freigesetzten Treibhausgasemissionen verantwortlich könnte (Andrae & Edler 2015: 143 f.; Übersetzung durch die Autorin). Weiter heißt es: „Der bedeutendste Trend [...] ist, dass der Anteil des Stroms in der Nutzungsphase von Verbrauchergeräten abnehmen und in die Netzwerke und Rechenzentren übertragen wird" (ebd.). Das erscheint insbesondere vor dem Hintergrund nur logisch, dass Clouds sowohl im privaten als auch im unternehmerischen Sektor eine immer größere Rolle spielen.

1.2 Zur Bedeutung kritischer Medienwissenschaften

Die Digitalisierung und die mit ihr gewachsenen Strukturen müssen hinsichtlich ihrer ökologischen, politischen, sozialen und wirtschaftlichen Auswirkungen betrachtet werden. Diese Notwendigkeit ist in den Informations- und Medien- bzw. Kommunikationswissenschaften zum Teil bereits angekommen. Ausschlaggebend für die zunehmende Anerkennung dieser Themenfelder dürfte das gewachsene Verständnis für die multiplen sozialökologischen Krisen sein, in denen die Menschheit steckt und die miteinander wechselwirken. Neben der Covid-Pandemie, die seit 2020 starken Einfluss auf das Weltgeschehen nahm, ist auch eine zunehmende Verschlechterung der globalen Kriegs- und Konfliktsituation zu beobachten (Schrader 2022), die in den meisten Fällen weitere humanitäre Krisen wie Flucht, Armut, Hunger und soziale Ungleichheit nach sich zieht. Die sich 2022 abzeichnende Wirtschaftskrise wird teilweise auf die Folgen des russischen Angriffskrieges auf die Ukraine, aber auch auf die sozialen Folgen der Pandemie (Manktelow et al. 2022: 16, 26) zurückgeführt, während all diese Probleme in den Kontext eines nicht mehr aufhaltbaren Klimawandels eingebettet sind – berechtigterweise ist inzwischen von einer globalen „Polykrise" die Rede.

Apokalypsen-Rhetorik und Avocado-Politik
Dem folgend rücken in immer mehr Staaten weltweit, auch vermehrt in Europa, rechtskonservative, rechtsextreme und fundamentalistische Parteien in den Vordergrund und beeinflussen auch in einem besonderen Maß die Politik in der Europäischen Union (Schellenberg 2018). Dabei wird in vielen Fällen der Klimawandel inzwischen nicht mehr geleugnet, sondern im Gegenteil argumentativ genutzt, um von Abschottung und Bedrohung des Wohlstands zu sprechen: *Avocado-Politics*, also außen grün und innen braun, wie der Historiker Nils Gilman die Motivation der neuen Rechten erklärt: „Während die Rhetorik der Apokalypse die Bemühungen zum Schutz breiter Bevölkerungsgruppen inspirieren kann, kann sie auch (…) den Ausschluss von Fremdgruppen vorantreiben." Gilman erklärt weiter, es ginge dem Ethno-Nationalismus darum, „die Flut von Menschen zurückzuhalten, die vor den Folgen des Klimawandels fliehen [oder] wirtschaftliche Entwicklungsmöglichkeiten für Weiße einschränken. (…) Wie wir gesehen haben, kann eine solche Rhetorik genauso leicht verwendet werden, um zutiefst illiberale oder schlechtere Lösungen für Umweltprobleme zu rechtfertigen und zu fördern." (Gilman 2020; Übersetzung durch die Autorin).

Ein Erstarken rechter Gruppierungen ist auch wiederum auf die Funktionsweise sozialer Medien zurückzuführen, die von der Verbreitung polarisierender Inhalte profitieren (siehe hierzu Abschnitt 3.2.3).

Neoliberalismus vs. Maschinensturm
Bei der Frage, wie dieser Polykrise aus Perspektive der Digitalisierung zu begegnen ist, werden vor allem zwei Lager laut: Eine marktliberale Fraktion sieht in der digitalen Transformation die Lösung selbst und legt ihre Hoffnung vorrangig in die schnelle Umsetzung innovativer Ideen, wie Shared Clouds, Videoconferencing und anderer Collaborative Work Tools. Ihr geht es um neue und noch smartere Geräte, und vor allem um Künstliche Intelligenz, die Produktionsprozesse noch effizienter und damit energiesparender machen soll. In den letzten Jahren formierten sich mehrere Allianzen wie die deutsche „Tech-for-Net-Zero" oder die „Breakthrough Energy" von Bill Gates, die mehr Unterstützung für Unternehmensgründungen fordern mit der Überzeugung, man müsse, um die Klimaziele zu erreichen, viel mehr auf auf den Erfolg von Green-Tech-Start-ups setzen. Der Klimawandel wird dabei nicht nur einfach als technologische Anpassung verstanden, sondern als wirtschaftliche und kommerzielle Erfolgschance – Datenschutz oder IT-Security sind dabei häufig dem Framing einer „Innovationsbremse" ausgesetzt. In diesem Zusammenhang werden auffallend oft ausgerechnet Umfragen des Branchenverbands Bitkom

zu Grunde gelegt, der 2017 mit dem *BigBrotherAward*[4] ausgezeichnet wurde für sein „unkritisches Promoten von Big Data, seine penetrante Lobbyarbeit gegen Datenschutz und weil er de facto eine Tarnorganisation großer US-Konzerne ist" (Tangens 2017).

Eine deutlich weniger technikgläubige Fraktion kritisiert die digitale Transformation ganz grundsätzlich dahingehend, dass sie neue soziale Krisen schafft und die Gesellschaft durch Hate speech auf Plattformen auseinandertreibt, dass Menschen vereinsamen oder Mediensüchte entwickeln; von „Empörokratie" und toxischer Selbstoptimierung ist die Rede. Hinsichtlich Nachhaltigkeitsfragen wird häufig eher auf Individualebene appelliert, durch Diskussionen darüber, ob auf Instagram hochgeladene Essens-Fotos oder zu viel Netflix Schuld am Klimakollaps seien.

Auffällig ist, dass beide Lager sich einer Menge Buzzwords bedienen und dass hochkomplexe Zusammenhänge auf scheinbar einfache Lösungen heruntergebrochen werden. Die hitzige und oft simplifizierende Pro-Contra-Digitalisierung-Debatte, die beim Thema Einsparung vor allem Endnutzer:innen in den Blick und in die Verantwortung nimmt, vermeidet jedoch die notwendige systemische Diskussion um Nachhaltigkeit. Diese sollte nicht nur die CO_2-Emissionen von digitaler Infrastruktur betrachten, sondern auch ihre gesellschaftlichen und ökonomischen Auswirkungen. Dabei gilt es, den Wert ihrer Errungenschaften nicht aus den Augen zu verlieren, wie beispielsweise sichere Kommunikation, Vernetzung, Zugang zu Informationen und Teilhabe.

Digitalisierung und Nachhaltigkeitsbemühungen beschreiben zwei weltweite, äußerst einflussreiche Transformationsprozesse, die dringend in Wechselwirkung miteinander betrachtet werden müssen. So beschreibt es auch die Kommunikationswissenschaftlerin Sigrid Kannengießer:

> „Die Bedeutungszunahme digitaler Medien und digitaler Kommunikation sowie die Generierung von „Big Data" führt nicht nur in Hinblick auf Datensicherheit und den Schutz der Privatheit zu Problemen, sondern stellt aktuelle Gesellschaften auch vor sozial-ökologische Herausforderungen und Fragen der Nachhaltigkeit. Denn nicht nur die Produktion von Medientechnologien, sondern auch die Speicherung riesiger Datenmengen in Serverfarmen sowie die Entsorgung nicht mehr genutzter Medienapparate verursachen einen enormen Ressourcen- und Energierverbrauch und haben komplexe negative sozial-ökologische Auswirkungen. Es sind diese Effekte und Ansätze zur Lösung dieser Probleme, die auch aus einer kommunikations- und medienwissenschaftlichen Perspektive in den Blick genommen werden müssen. Damit werden Fragen der Nachhaltigkeit in digitalen Gesellschaften virulent." (Kannengießer 2022: 1)

[4] Beim BigBrotherAward handelt es sich um einen Negativpreis für Datenschutz, organisiert und vergeben vom aktivistischen Verein *Digitalcourage e.V.*

Diese Aufgabe beschränkt sich also bei weitem nicht auf die Informatik oder Ökologie, sondern versteht sich beispielsweise als „Forschung mit einem Bezug zu Gesellschaftstheorie und Kapitalismusanalyse, mit einem Fokus auf Eigentumsverhältnisse, Herrschaftsformen und Machtungleichgewichte, mit einem Verständnis von der historischen Gewordenheit gesellschaftlicher Verhältnisse und mit der Perspektive auf deren Transformation", so das Selbstverständnis des Netzwerks Kritische Kommunikationswissenschaft (KriKoWi 2017).

1.3 Aktueller Forschungsstand

Als eine der ersten Institutionen in Europa hat die Universität Bern dem Thema eine eigene Forschungsstelle eingerichtet. Studierende am Fachbereich Informatik können die Vorlesungsreihe „Digitale Nachhaltigkeit" besuchen[5], in der die ökologischen und sozialen Aspekte der Nachhaltigkeit im Zusammenhang mit der Digitalisierung, juristische Themen wie Datenschutz und Urheberrecht, ethische Fragen in Bezug auf KI-Algorithmen und die Bedeutung von freier Software aufgezeigt werden. Daneben werden immer mehr thematisch vergleichbare Studiengänge in anderen Städten akkreditiert.[6]

Im Laufe der letzten Jahre haben sich darüber hinaus in verschiedenen – vornehmlich akademischen – Umfeldern vermehrt Gruppen, Arbeitskreise oder Werkstätten entwickelt, die die Problemlagen jeweils aus dem Blickwinkel ihres Fachbereichs betrachten und zum Teil interdisziplinär zusammenarbeiten. Als Beispiele im deutschsprachigen Raum seien an dieser Stelle genannt:

- Bits-und-Bäume-Bewegung
- Konzeptwerk Neue Ökonomie
- Institut für ökologische Wirtschaftsforschung
- Weizenbaum Institut
- Forum für InformatikerInnen für Frieden und gesellschaftliche Verantwortung
- Open Knowledge Foundation

[5] Freundlicherweise wurde der Autorin die Teilnahme an der Online-Vorlesung als Gaststudentin im Wintersemester 2021/22 gestattet.

[6] Beispiele: *Digital Transformation and Sustainability* in Hamburg, *IT, Digitalization and Sustainability* in Luzern, *Sustainable and Digital Business Management* in Wedel oder *Umwelt- und Wirtschaftsinformatik* in Lüneburg, um nur einige im deutschsprachigen Raum zu nennen.

- Free Software Foundation Europe
- Chaos Computer Club / Chaos Communication Congress
- Digitalcourage e. V.
- Netzpolitik.org
- Netzwerk Kritische Kommunikationswissenschaft
- Konferenz für Digitale Nachhaltigkeit DiNaCon (Schweiz)
- Arbeitskreis Nachhaltigkeit der Gesellschaft für Informatik

Fachliteratur findet sich bislang vor allem an den Schnittstellen Informatik und Ethik, Informatik und Ökologie oder in der Gesellschaftstheorie, jedoch nehmen wenige Forschende explizit Bezug auf digitale Kommunikationsplattformen und Nachhaltigkeitsziele. Als wertvolle Lektüre seien an dieser Stelle genannt:

- Digitaler Kapitalismus – Markt und Herrschaft in der Ökonomie der Unknappheit (Staab 2020)
- Digitale Ethik – Ein Wertsystem für das 21. Jahrhundert (Spiekermann 2019)
- Sozioinformatik – Ein neuer Blick auf Informatik und Gesellschaft (Zweig et al. 2021)
- Kultur der Digitalität (Stalder 2019)
- Smarte grüne Welt: Digitalisierung zwischen Überwachung, Konsum und Nachhaltigkeit (Lange & Santarius 2018)
- Die Macht der Plattformen – Politik in Zeiten der Internetgiganten (Seemann 2021)
- Imperiale Lebensweise – Zur Ausbeutung von Mensch und Natur im globalen Kapitalismus (Brand & Wissen 2017)
- Digitale Medien und Nachhaltigkeit (Kannengießer 2022)

Forschungsbemühungen und Aktivismus unterscheiden sich zusätzlich dahingehend, ob ihr Fokus auf einem nachhaltigeren Ausbau beziehungsweise einer nachhaltigeren Nutzung digitaler Infrastruktur liegt oder auf einem nachhaltigeren Umgang mit digitalen (immateriellen) Gütern wie Daten. In beiden Fällen geht es darum, Auswirkungen zu analysieren und negative Folgen zu verringern. Matthias Stürmer, Gabriel Abu-Tayeh und Thomas Myrach (ausführlichere Erläuterung des Papers in Abschnitt 5.1) beschreiben die Dualität der Begrifflichkeiten wie folgt (Tabelle 1.1):

Tabelle 1.1 Dualität des Zusammenhangs zwischen Digitalisierung und Nachhaltigkeit nach Stürmer et al

Nachhaltige Digitalisierung	Digitale Nachhaltigkeit
Digitalisierung ist Mittel zum Zweck für nachhaltige Entwicklung	Digitalisierung ist Gegenstand der nachhaltigen Entwicklung
Potenzial der Digitalisierung nutzen, um Ressourcen zu sparen *Beispiel: Videoconferencing statt Flugreisen*	Potenzial der Digitalisierung nutzen, um freies Wissen zu verbreiten *Beispiel: Open Content (Wikipedia, OpenStreetMap*
Negative Konsequenzen der Digitalisierung minimieren *Beispiel: Refurbished Hardware, Betrieb von Rechenzentren mit Ökostrom, faire Bezahlung*	Negative Konsequenzen der Digitalisierung minimieren *Freie Software nutzen, um Abhängigkeit von IT-Unternehmen zu reduzieren*

1.4 Fragestellung und Methodik

Diese Arbeit betrachtet die Schnittmenge zwischen Nachhaltigkeitstheorien und digitaler Kommunikation. Die zentrale Forschungsfrage beschäftigt sich mit digitaler Nachhaltigkeit in Bezug auf soziale Medien:

Wie kann digitale Kommunikation nachhaltiger werden?
Da es sich wissenschaftlich um ein noch junges und interdisziplinäres Nischenthema handelt, kommen sowohl die qualitative (systematische) Literaturanalyse als auch eine Befragung von Expert:innen zum Einsatz.

1.4.1 Forschungsfragen und Hypothesen

Um der übergeordneten Forschungsfrage gerecht werden zu können, wird das Thema in drei spezifischere Fragen aufgeteilt:

F1: Wo berührt digitale Kommunikation Nachhaltigkeitsthemen und -ziele?
F2: Was ist hinsichtlich Nachhaltigkeit bei den größten und gängigen Kommunikationsplattformen derzeit besonders kritisch zu bewerten?

F3: Welche Kriterien müssten Kommunikationsplattformen erfüllen, damit sie selbst digital nachhaltig sind und zum Erreichen globaler Nachhaltigkeitsziele beitragen?

Im Zuge der Beantwortung dieser zentralen Fragen soll die Arbeit dabei insbesondere auch folgende Hypothesen überprüfen:

H1: Digitale Kommunikation spielt im Kontext globaler ökologischer, wirtschaftlicher und sozialer Nachhaltigkeit eine wichtige Rolle.
H2: Proprietäre Dienste und Plattformen, insbesondere Dienste und Plattformen der „Big Five"[7], sind im Kern nicht mit den Nachhaltigkeitszielen vereinbar.
H3: Dem Nachhaltigkeitsbegriff sollte eine vierte Dimension – die informationelle Dimension – hinzugefügt werden.

1.4.2 Eingrenzung des Forschungsbereichs

Untersucht werden sollen Nachhaltigkeitsaspekte in Bezug auf *digitale Kommunikation.* Dass es sich bei der Formulierung einer eindeutigen Definition dieses Forschungsbereichs bereits um eine kaum lösbare Aufgabe handelt, beweist die enorme Zahl definitorischer Ansätze des Begriffs „Kommunikation". Da es nicht Anspruch dieser Arbeit sein kann, die *eine* allgemeingültige Definition herauszustellen, soll an dieser Stelle nur eine Zusammenfassung erfolgen, um den konkreten Untersuchungsbereich zu beschreiben.

In seiner Sammlung trägt der Kommunikationswissenschaftler Klaus Merten über 160 anwendbare Bedeutungen zusammen, die sich auch in benachbarten Wissenschaften wie der Psychologie, Soziologie, Pädagogik, Biologie und Wirtschaftswissenschaften wiederfinden (vgl. Merten 1977: 68 ff.). Besondere Verbreitung in das Allgemeinverständnis fanden Definitionen von Kommunikation als Austausch, Verständigung, Prozess der Übermittlung von Information durch Ausdruck und Wahrnehmung von Zeichen. Sie kann demnach im Wesentlichen als gleichsam aktiver und passiver partizipativer Prozess begriffen werden, der unwillkürlich und zu jeder Zeit in sozialen Kontexten stattfindet, oder mehr noch: ohne den soziale Kontexte nicht existieren würden. Kommunikation kann als *conditio sine qua non* menschlichen Lebens betrachtet werden: Menschen leben, weil, indem und damit sie kommunizieren, also etwas mitteilen (lat. *communicare*: „teilen", „teilnehmen lassen" oder „vereinigen"). *Mit*-geteilt werden dabei Wissen, Signale, Erfahrungen,

[7] Google, Amazon, Meta, Apple und Microsoft – Erläuterung in Kapitel 3.

Ideen, Gesundheits- oder Gefühlszustände; Kommunikation kann verbal, nonverbal und paraverbal ablaufen und findet im Kontext von Beziehungen statt.

Digitale Kommunikation
„Digital" bedeutet „durch Zeichen repräsentiert". Damit ist im technischen Sinne eine Darstellung durch diskrete Werte aus einem vereinbarten Vorrat an Werten gemeint – im Gegensatz zu einer stufenlosen analogen Darstellung.

Während Paul Watzlawick unter „digitaler Kommunikation" bereits das Kommunizieren mit Wörtern verstand – das Alphabet ist ein solcher Vorrat repräsentativer Zeichenwerte für Objekte – (Watzlawick et al. 2017: 70–78), wird der Begriff in Bezug auf moderne Medien als Kommunikation *mit Hilfe digitaler Medien* verstanden, wobei „das Internet mit seinem vielfältigen Angebot an Publikationen und Wechselrede an erster Stelle" steht (Grimm & Delfmann 2017: 1). Der Ausdruck „digitale Kommunikation" meint dabei nicht nur Kommunikation *über* digitale Medien, sondern beschreibt gleichzeitig, dass die Kommunikation, die über digitale Medien stattfindet, verändert ist: Sie ist einerseits von mehr Nähe geprägt (direkte und synchrone Kommunikation trotz räumlichen Abstands), andererseits von mehr Distanz (Kommunikation ohne oder nur mit eingeschränkter sinnlicher Wahrnehmung des Gegenübers) (ebd.).

Heinz Pürer, Nina Springer und Wolfgang Eichhorn greifen eine klassische Unterteilung mit kommunikationswissenschaftlichen Begriffsbestimmungen von Merten auf (Merten 1977: 94 ff.):

- **Subanimalische Kommunikation**: biologisch und physikalisch
- **Animalische Kommunikation**: zwischen Lebewesen, akustisch, taktil, visuell
- **Humankommunikation**: ausschließlich zwischen Menschen, komplex sprachlich
- **Massenkommunikation**: technisch vermittelte Humankommunikation zwischen organisierten Kommunikatoren und unbekannter Zahl anonymer Rezipienten, also die Kommunikation über Massenmedien wie Rundfunk

Und ergänzen diese um eine weitere Dimension:

- **Computervermittelte Kommunikation (CVK)**: „Kommunikationsformen, die durch das Verschmelzen von Telekommunikation, Computerisierung und herkömmlichen elektronischen Massenmedien möglich geworden sind. Sie integriert elektronisch vermittelte Individual-, Gruppen- und Massenkommunikation." (Pürer et al. 2015: 61 f.)

CVK lässt sich grob in asynchrone Formen (zum Beispiel E-Mail, Foren) und synchrone Formen (zum Beispiel Chat, Videoconferencing) aufteilen, wobei die Grenzen fließend sind. Zur CVK gehört folgerichtig auch die Kommunikation über digitale Plattformen wie Facebook oder X (ehemals Twitter). Diese Netzwerke sollen hier Gegenstand der Untersuchung sein, konkret: ihre gesellschaftlichen und ökologischen Auswirkungen im Kontext von Nachhaltigkeit. Damit bewegt sich diese Arbeit in einer interdisziplinären Schnittstelle zwischen Kommunikationswissenschaft, Informatik/Technik und Nachhaltigkeitsforschung (Abb. 1.1).

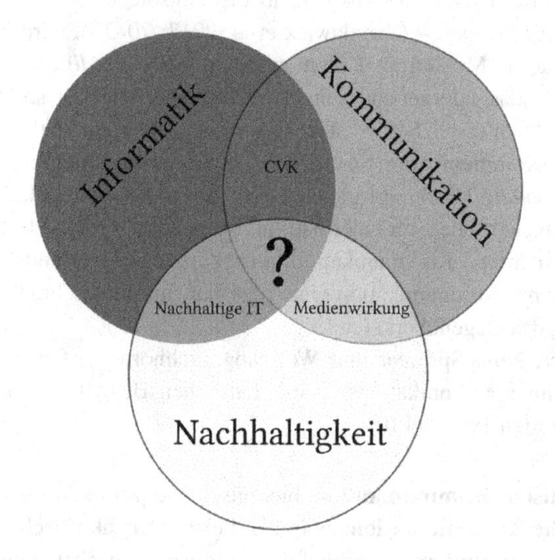

Abbildung 1.1 Eingrenzung des Forschungsbereichs. (Eigene Darstellung)

1.4.3 Qualitative Literaturanalyse

Eine wissenschaftliche Literaturarbeit erfordert die Auseinandersetzung mit Primärquellen, unter anderem auch deshalb, um den gegenwärtigen Forschungsstand und bestehende Wissenslücken aufzuzeigen. Dabei wird die Entscheidung über die verwendeten Quellen anhand ihrer empirischen Qualität und Relevanz getroffen.

Eine Auseinandersetzung mit wissenschaftlicher Literatur kann nach Ralph Weber und Martin Beckstein nach verschiedenen Ansätzen erfolgen: Analytisch (den Inhalt des Textes auswertend), werkimmanent (mit Hilfe anderer Texte des selben Autors interpretierend), biografisch (auf Begebenheiten im Leben des Autors untersuchend), esoterisch („zwischen den Zeilen lesend"), kontextuell (im

Kontext seiner Entstehung betrachtend), hermeneutisch (den idealen Sinn suchend) und rezeptionstheoretisch (die „Leseerfahrung“ betreffend). Für die Bedarfe der vorliegenden Arbeit eignet sich der analytische Ansatz, da verschiedene Konzepte inhaltlich verglichen werden sollen. Die Interpretation gliedert sich in die drei Abschnitte

1. **Identifikation des Aussagegehalts**
   Herausstellen der Leitfragen, Hauptaussagen und Untersuchungsergebnisse
2. **Klärung der Begriffe**
   Untersuchung der Definition und Verwendung der zentralen Begriffe
3. **Rekonstruktion der Argumente**
   Aufzeigen der Argumente und logischen Schlussfolgerungen

und endet mit einer Zusammenfassung in eigenen Worten (Weber & Beckstein 2014: 30). Nachdem jeder Text einzeln betrachtet wurde, werden diese hinsichtlich ihrer Argumentation und ihrer Schwerpunkte verglichen und die Ergebnisse werden in einem Cluster ausgewertet. Die gesamte Literaturanalyse findet sich in Kapitel 5.

1.4.4 Qualitatives Interview

Ergänzend zu den Ergebnissen der Literaturanalyse kommen in dieser Arbeit Experteninterviews zum Einsatz. Dabei werden ausgewählte Personen aus Wissenschaft und Forschung im Rahmen von qualitativen Interviews persönlich befragt. Interviews im Rahmen wissenschaftlicher Arbeiten werden grundsätzlich zunächst unterschieden hinsichtlich ihrer Strukturierung und der Auswahl der Expert:innen:

- **Strukturierung:**
  Die Interviews können narrativ-monologisch sein (die interviewte Person spricht allein, zum Beispiel bei Erhebung von biographischen Erfahrungen) oder sie können ethnographisch sein (offene, spontane Gespräche). In beiden Fällen findet keine gezielte Steuerung durch die interviewende Person statt. Anders beim Leitfaden-Interview: Der Leitfaden ist eine vorab festgelegte Vorgabe zur Strukturierung, die dem Prinzip „so offen wie möglich, so strukturierend wie nötig“ folgt (Helfferich 2019: 560).
- **Zielgruppe/interviewte Personen:**
  Grundsätzlich kann die Gruppe der Befragten unterschiedlich festgelegt werden, von zufällig ausgewählten Menschen bis hin zu Individuen mit bestimmten Merkmalen. Bei Experteninterviews werden die Personen hinsichtlich ihrer Expertise auf einem bestimmten Gebiet ausgewählt. Wer als Experte oder Expertin gilt,

hängt von der Fragestellung ab und ist nicht an eine berufliche Rolle gebunden, so gelten beispielsweise von Diskriminierung oder einer Krankheit Betroffene im Rahmen wissenschaftlicher Interviews auch als Expert:innen dieser Lebensumstände (ebd.).

Robert Kaiser unterscheidet qualitative Interviews hinsichtlich ihres Einsatzgebietes, der Strukturierung, dem Erkenntnisinteresse, den Rollen und der Erhebungssituation (Kaiser 2021: 6; siehe Abbildung 1.2). Experteninterviews sind demnach strukturierte und asymmetrische Befragungen mit dem Ziel der Informationsgewinnung. Sie sind üblicherweise durch einen Leitfaden gestützt und zeichnen sich durch konkret und prägnant beantwortbare Fragen aus (Helfferich 2019: 571).

Tab. 1.1 Qualitative Interviewformate im Vergleich. (Quelle: Eigene Darstellung)

	Ethnografisches Interview	Narratives Interview	Experteninterview
Einsatzgebiet	Teilnehmende Beobachtung	Historische Fallstudie	Fallstudie
Grad der Strukturierung	Offen/halb-strukturiert	Offen	Halb-strukturiert/strukturiert
Erkenntnisinteresse	Einstellungen	Biographien	Informationen
Rolle des Interviewers	Gesprächspartner	Aktiver Zuhörer	Interviewer
Interview-situation	Symmetrisch	Asymmetrisch (zugunsten des Befragten)	Asymmetrisch (zugunsten des Interviewers)

Abbildung 1.2 Vergleich von qualitativen Interviewformaten (Kaiser 2021: 6)

Für die Beantwortung der Forschungsfragen dieser Arbeit und in Ergänzung zur qualitativen Literaturanalyse bieten sich leitfadengestützte Experteninterviews an. Die Vorgehensweise unterteilt sich in folgende Schritte:

1. **Auswahl und Anfrage bei Expert:innen**
   nach vorher festgelegten Kriterien
2. **Durchführung der Interviews**
   mit vorher festgelegtem Leitfaden
3. **Transkription der Gespräche**
   nach den Regeln vereinfachter Transkription
4. **Auswertungen der Argumente**
   und Einteilung in ein vorab festgelegtes Cluster
5. **Zusammenfassung der Antworten**
   prosaisch und orientiert am Leitfaden

Die Kriterien für die Auswahl der Expert:innen, eine Kurzvorstellung, die technische Umsetzung und Auswertung der Interviews finden sich in Kapitel 6.

Sowohl die Ergebnisse der Literaturanalyse als auch die Ergebnisse der Interviews bilden im letzten Abschnitt dieser Arbeit die Grundlage für die Entwicklung eines prototypischen Kriterienkatalogs.

2 Was bedeutet Nachhaltigkeit?

Der Begriff „Nachhaltigkeit" stammt aus der Ökologie und wird im allgemeinen Sprachgebrauch daher auch oft im Kontext von Klimaschutz verwendet. Bekannt wurde das Konzept insbesondere durch den Brundtland-Bericht[1] über nachhaltige Entwicklung (s. Abschnitt 2.1.2). Die zunehmend spürbaren Konsequenzen des Klimawandels und die Präsenz aktivistischer Gruppen wie Fridays for Future, Letzte Generation oder Extinction Rebellion bringen Fragen nach Nachhaltigkeit seit einigen Jahren immer mehr in den öffentlichen Diskurs.

Nachhaltigkeit geht in ihrer Ursprungsbedeutung weit über Themen wie Flugverkehr, Plastikverbrauch oder Vegetarismus hinaus, sondern betrifft neben ökologischen auch soziale und politische Lebensbereiche. Neben den großen Akteuren, die wegen ihrer Öko-Bilanz zunehmend ins Visier geraten sind – Energiewirtschaft, Automobilindustrie, Textilindustrie, Bauwesen, Land- und Forstwirtschaft – spielt auch die IKT eine wichtige, aber vor allem eine duale Rolle. Denn digitalisierte Wirtschafts- oder Kommunikationsprozesse können zwar einerseits zu mehr Energieeffizienz und Rohstoffschonung beitragen, doch die entsprechende Infrastruktur benötigt ihrerseits Ressourcen, Flächen und Strom. Hinzu kommen soziale Faktoren wie damit zusammenhängende Arbeitsbedingungen, neue Diskussionen über Grund- und Freiheitsrechte und Algorithmenethik.

[1] Vollständiger Bericht hier: https://sustainabledevelopment.un.org/content/documents/5987our-common-future.pdf

J. Kollien, *Digitale Nachhaltigkeit als Leitmotiv für Kommunikationsplattformen*, BestMasters, https://doi.org/10.1007/978-3-658-46521-6_2

2.1 Geschichte der nachhaltigen Entwicklung

Die Ausbeutung der Natur ist kein modernes Phänomen der Menschheitsgeschichte. Von den Völkerwanderungen im vierten Jahrhundert bis ins Spätmittelalter wurde in Mitteleuropa, das vormals zu weit über zwei Dritteln mit Wald bedeckt war, so viel Holz geschlagen, dass der Baumbestand Mitte des 14. Jahrhundert auf weniger als 15 % geschrumpft war – dieser Trend wurde zynischerweise nur dadurch verlangsamt, dass etwa die Hälfte der europäischen Bevölkerung damals an der Pest verstarb (Winiwarter & Bork 2015: 22). Um 1800 waren in Mitteleuropa kaum noch Wälder vorhanden und Landesfürsten erließen zunehmend Forstordnungen, wobei es vor allem darum ging, mit dem Holz sparsamer umzugehen. Da Baumaterial und Brennholz aber nach wie vor benötigt wurden, begannen Aufforstungen mit schnellwachsenden Nadelhölzern und die Forstwissenschaft etablierte sich als Disziplin (Küster 2010: 321 f.).

Abbildung 2.1 Silvicultura oeconomica. (Quelle: Bavarian State Library)

Hans Carl von Carlowitz gilt heute als Vater des Nachhaltigkeitsbegriffs (Abbildung 2.1). Er beschrieb 1713 in seinem Werk *Sylvicultura oeconomica : hausswirthliche Nachricht und naturmäßige Anweisung zur wilden Baum-Zucht* die erste umfassende forstliche Praxis der Nachhaltigkeit: „wie eine sothane [solche] Conservation und Anbau des Holzes anzustellen / daß es eine continuirliche beständige und nachhaltende Nutzung gebe / weiln es eine unentbehrliche Sache ist / ohne welche das Land in seinem Esse nicht bleiben mag." (Carlowitz 1713: 105–106).

Auch bei Georg Ludwig Hartig findet sich nur knapp einhundert Jahre später folgendes Nachhaltigkeitsverständnis: „Es läßt sich keine dauerhafte Forstwirthschaft denken und erwarten, wenn die Holzabgabe aus den Wäldern nicht auf Nachhaltigkeit berechnet ist. Jede weise Forstdirection muß daher die Waldungen [...] zwar so hoch als möglich, doch so zu benutzen suchen, daß die Nachkommenschaft wenigstens ebensoviel Vortheil daraus ziehen kann, wie sich die jetzt lebende Generation zueignet." (Hartig 1804: 1).

2.1.1 Club of Rome

Der Nachhaltigkeitsbegriff wurde ab Anfang der 1970er Jahre vom Club of Rome ins öffentliche Bewusstsein gebracht, einer gemeinnützigen Organisation, in der sich Expert:innen aus verschiedenen Disziplinen für eine nachhaltige Zukunft zusammengeschlossen hatten. Sie veröffentlichten den Bericht *The Limits to Growth. A Report for the Club of Rome's Project on the Predicament of Mankind*[2], dem eine Studie anhand einer umfangreichen Computersimulation zugrunde lag. Darin wurden die globalen Auswirkungen von Industrialisierung, Bevölkerungswachstum, Unterernährung, Ausbeutung von Rohstoff-Reserven und Zerstörung von Lebensraum berechnet. Die Ergebnisse aller berechneten Szenarien sagten ein Erreichen der planetaren Belastungsgrenzen in fünfzig bis hundert Jahren sowie einen raschen und nicht aufzuhaltenden Rückgang der Bevölkerungszahl und der industriellen Kapazität voraus, wenn die gegenwärtigen Trends anhielten (Meadows et al. 1972: 17). Der einzige Weg, dieser Bedrohung zu begegnen, sei ein gänzlich neues Verständnis von Bedürfnissen, Belastbarkeit und Wachstum: „Unsere gegenwärtige Situation ist so verwickelt und so sehr Ergebnis vielfältiger menschlicher Bestrebungen, daß keine Kombination rein technischer, wirtschaftlicher oder gesetzlicher Maßnahmen eine wesentliche Besserung bewirken kann. Ganz neue Vorgehensweisen sind erforderlich, um die Menschheit auf Ziele auszurichten, die anstelle weiteren Wachstums [sic!] auf Gleichgewichtszustände führen." (Meadows et al. 1972: 172 f.). Der Bericht wurde zunächst kritisiert und angezweifelt, regte aber zugleich einen öffentlichen und bald auch politischen Diskurs über Nachhaltigkeit an. Die fast fünfzig Jahre später veröffentlichte Studie *Update to limits to growth: Comparing the world3 model with empirical data* bestätigte die Ergebnisse des Berichts weitestgehend (Herrington 2020: 618 ff.).

---

[2] Vollständiger Bericht hier: https://www.clubofrome.org/publication/the-limits-to-growth/

2.1.2 Brundtland-Bericht

Das ökologische Bewusstsein, das in den 1970er Jahren zunehmend auch in den öffentlichen Diskurs einfloss, führte zur Gründung der *Weltkommission für Umwelt und Entwicklung der Vereinten Nationen* – „Brundtland-Kommision", benannt nach der vorsitzenden norwegischen Ministerpräsidentin Gro Harlem Brundtland – die es sich zum Ziel machte, den Nachhaltigkeitsbegriff zu vereinheitlichen und Bedingungen für eine nachhaltige globale Entwicklung festzulegen. 1987 veröffentlichte die Kommission den Bericht *Our Common Future*, in dem sie Nachhaltigkeit wie folgt definierte:

> ***„Dauerhafte Entwicklung ist eine Entwicklung, die die Bedürfnisse der Gegenwart befriedigt, ohne zu riskieren, daß künftige Generationen ihre eigenen Bedürfnisse nicht befriedigen können."*** (Hauff 1987: 46)

Der Bericht wurde in viele Sprachen übersetzt und gilt als Meilenstein der nachhaltigen Entwicklung. Er hat den in der Fortwirtschaft entstandenen Begriff auf viele weitere Ressourcen ausgeweitet. Dabei geht es zwar vor allem, aber nicht ausschließlich, um endliche Ressourcen wie Wälder, sauberes Wasser, Rohstoffe, fruchtbare Flächen oder Flora und Fauna, sondern auch um immaterielle Ressourcen wie Bildung, Gleichberechtigung und stabile Demokratien. Insbesondere ist ein Verständnis für die komplexen Zusammenhänge zwischen diesen Gütern entstanden (siehe hierzu Kapitel 3).

Wenige Jahre nach der Veröffentlichung des Berichts wurde die United Nations Conference on Environment and Development (UNCED) ins Leben gerufen, die 1992 erstmalig in Rio de Janeiro tagte[3]. Sie hatte das Ziel, die notwendigen Schritte, die der Brundtland-Bericht formulierte, in internationale Verhaltensstrategien umsetzen. Die wichtigsten Ergebnisse waren die Leitlinien zur nachhaltigen Entwicklung im 21. Jahrhundert, die Agenda 21.

2.1.3 Agenda 21 und die MDG

Als entwicklungspolitische Ziele wurden insbesondere Armutsbekämpfung und nachhaltige Bewirtschaftung der natürlichen Ressourcen beschrieben, als umweltpolitische Ziele die Reduzierung des Treibhauseffekts. Das Aktionsprogramm Agenda 21 formulierte dafür verschiedene Prinzipien nachhaltiger Entwicklung

[3] Auch das Kyoto-Protokoll zum weltweiten Klimaschutz (1997) ist eine indirekte Folge dieser Konferenz.

(UNCED 1992: 252). Die Umsetzung sollte jedoch vorrangig auf kommunaler Ebene stattfinden, woraus sich viele verschiedene „local Agenda 21"-Projekte entwickelten.

Eine Zäsur des Programms war der „Milleniumsgipfel" im September 2000, auf dem ein Katalog grundsätzlicher Zielsetzungen für alle Mitgliedstaaten beschlossen wurde. Die Millenium-Entwicklungsziele, Millenium Development Goals (MDG), sollten bis 2015 vor allem Armut, Hunger und Ungleichheit drastisch reduzieren. Ökologische Nachhaltigkeit wurde unter einem Punkt zusammengefasst (Abbildung 2.2):

Abbildung 2.2 Millenium Development Goals. Infografik der Vereinten Nationen

Eine Hauptursache der globalen, sozialökologischen Krisen wurde bereits 1992 in den nicht nachhaltigen Produktions- und Konsumformen des Globalen Nordens gesehen, unter denen der Globale Süden unverhältnismäßig zu leiden hat[4]. Daraus folgte das Prinzip der gemeinsamen, aber unterschiedlichen Verantwortlichkeiten – jedem Land wurden andere Prioritäten bei der Erreichung der Ziele zugestanden.

2012, kurz vor Ablauf der Frist und zwanzig Jahre nach dem ersten Gipfel in Rio de Janeiro, tagte die Nachfolgekonferenz „Rio+20", auf der die Ergebnisse evaluiert wurden. Die Bilanz fiel durchwachsen aus: Es waren Erfolge bei der industriellen Stärkung einiger Länder – vor allem Indien und China – zu verzeichnen und die

[4] „Globaler Norden" und „Globaler Süden" sind nicht als konkrete, abgegrenzte Erdteile, sondern als relationale Konzepte zu verstehen. Sie bilden die vor allem durch Kolonialismus historisch gewachsene und immer noch vorherrschende geopolitische Klassifizierung der Welt („Erste Welt"/„Dritte Welt", „Industrienation"/„Entwicklungsland") ab und deuten insbesondere auf Ausbeutung, Ungleichheit und Identitätszuschreibung hin.

Trinkwasserversorgung hatte sich insgesamt verbessert. Doch die Ungleichverteilung war in vielen Ländern höher als vorher, der globale Rohstoffverbrauch und die Treibhausgas-Emmissionen waren ebenfalls stark gestiegen und große Flächen Urwald vernichtet worden (Martens & Obenland 2017: 9 f.). Nach diesem Gipfel wurde eine neue Arbeitsgruppe einberufen, die konkretere Ziele festlegte.

2.1.4 Agenda 2030 und die SDG

Im September 2015 verabschiedeten 193 Mitgliedsstaaten der Vereinten Nationen auf einem Gipfeltreffen in New York die Agenda 2030. Dieses Aktionsprogramm soll erneut den globalen Rahmen für die Umwelt- und Entwicklungspolitik der kommenden fünfzehn Jahre bilden. Als handlungsleitende Prinzipien wurden die „5 Ps“ definiert: *People, Planet, Prosperity, Peace, Partnership* (dt. Mensch, Planet, Wohlstand, Frieden und Partnerschaft) (Abbildung 2.3).

Abbildung 2.3 Sustainable Development Goals. Infografik der Vereinten Nationen

Kernstück der Agenda sind 17 neue und ausführlichere Nachhaltigkeitsziele, die Sustainable Development Goals (SDG), die sich vor allem bei ökologischen Themen weiter auffächern und um nachhaltige Produktionszyklen, stabile Institutionen, sowie um wirtschaftliches Wachstum, technische Innovationen, Industrie und Infrastruktur ergänzt wurden. Als Kontrollinstanz auf internationaler Ebene fungiert das jährliche High Level Political Forum (HLPF). Hier berichten die Mitgliedsstaaten über ihre Fortschritte bei der Umsetzung der Ziele. Darüber hinaus findet alle vier

Jahre ein politisches Forum der UN-Generalversammlung mit der Regierungsführung der Mitgliedsstaaten statt, der „SDG-Gipfel".

Die Agenda 2030 und die SDG mit ihren 169 Zielvorgaben sollen einen Rahmen für gesellschaftliche Transformationsprozesse liefern, der weit über die MDG hinausreicht und im selben Maße ökologische, soziale und wirtschaftliche Nachhaltigkeit berücksichtigt. Die „ökologische Blindheit", die den MDG noch vorgeworfen werden konnte, ist bei den SDG deutlich verringert, doch als unproblematisch oder ausreichend werden auch die neuen Ziele nicht betrachtet:

Kritik an den Nachhaltigkeitszielen: Das Wachstumsparadigma
Die unterschiedlichen Interessen und Prioritäten der Mitgliedsstaaten zeigen sich auch in den Zielsetzungen. Neben der Bekämpfung von Armut, Hunger, Ungleichheit und fehlender Bildung wurden zwar auch der Erhalt der Ökosysteme, saubere Energie, Demokratie und Frieden festgelegt, aber auch ein dauerhaftes Wirtschaftswachstum. Letzteres gilt als großer Kritikpunkt und Schwäche der SDG: „Für die ärmsten Länder nennt [die Agenda 2030] als Zielvorgabe eine Wachstumsrate von mindestens sieben Prozent pro Jahr. Ein solches rein quantitatives Ziel lässt sich allerdings nur schwerlich vereinbaren mit den ökologischen Zielen der Agenda." (Martens & Obenland 2017: 15). Das bestätigen auch weitere Untersuchungen: Eine Forschungsgruppe analysierte die Indikatoren der Ziele und ihre Auswirkungen und kam zu dem Schluss, dass sozioökonomische Erfolge zu erkennen sind, dies aber mit negativen Folgen für die Biodiversität korreliert (Zeng et al. 2020: 796 f.). Auch in einer weiteren Studie wurde aufgezeigt, dass zwischen den ökonomischen und den ökologischen Zielen der SDG Widersprüche bestehen: Keines der gängigen Berechnungsmodelle konnte zeigen, dass eine Verringerung des Ressourcenverbrauchs und der Treibhausgasemission bei einer gleichzeitigen wirtschaftlichen Wachstumsrate von mindestens 3 % erreicht werden kann (Hickel, 2019: 877). Nachhaltigkeit ist diesen Untersuchungen und Kritiken zufolge nur mit *weniger* Wachstum zu erreichen.

Die Problematik, dass einer funktionierenden Wirtschaft tendenziell ein höherer Stellenwert zugestanden wird als einem funktionierenden Klimasystem, zeigt sich beispielsweise in der Monetarisierung der Umweltproblematik, wie dem Emissionsrechtehandel. In der öffentlichen Debatte und auch in der Politik wird Klimaschutz oftmals als Variable einer ökonomischen Gleichung betrachtet und übersehen, dass es um den Rahmen geht, ohne den kein menschliches Leben möglich ist. Dass die Betrachtungsweisen mitunter sehr divers sein können, lässt sich an den unterschiedlichen Nachhaltigkeitsmodellen erkennen.

2.2 Nachhaltigkeitsmodelle

Die komplexen Sachverhalte bezüglich Nachhaltigkeit werden zumeist in vereinfachenden grafischen Modellen ausgedrückt, um die Prinzipien fassbarer zu machen. Es existieren unterschiedliche Modelle für Nachhaltigkeit, die im Allgemeinen auf drei Dimensionen basieren:

- der ökologischen Dimension
- der sozialen Dimension
- der wirtschaftlichen Dimension

Die EU beschrieb mit ihrem Vertrag von Amsterdam 1997 konkret diese drei Bereiche der Nachhaltigkeit. Demnach umfasst nachhaltige Entwicklung nicht nur die Wahrung des Naturerbes, sondern auch die Wahrung wirtschaftlicher Errungenschaften, sozialer und gesellschaftlicher Leistungen, wie zum Beispiel Demokratie. Die Nachhaltigkeitsmodelle gewichten die Dimensionen jedoch teilweise unterschiedlich.

2.2.1 Starke vs. schwache Nachhaltigkeit

Aus ökonomischer Sicht lassen sich die für zukünftige Generationen zu hinterlassenden Güter wie folgt unterteilen (Döring, R. 2004: 4 f.):

- Naturkapital: Ökosysteme, Mineralien, Pflanzen, Tiere
- Kultiviertes Naturkapital: beispielsweise Agrarflächen
- Sachkapital: beispielsweise materielle Produktionsmittel
- Sozialkapital: Institutionen
- Humankapital: Fähigkeiten
- Wissenskapital: informationelles Kapital

Nachhaltigkeitsmodelle unterscheiden sich in Bezug auf die Gewichtung der zu hinterlassenden Güter und Substitutionsmöglichkeiten. Sie werden eingeteilt in Modelle mit *starker* und solche mit *schwacher* Nachhaltigkeit, je nach Gewichtung der ökologischen Dimension im Verhältnis zum Rest. Das Konzept der *starken* Nachhaltigkeit besagt, dass die Ökologie nicht verhandelbar ist und alle weiteren Nachhaltigkeitsaspekte von ihrer Stabilität abhängen. Dem Naturkapital kommt eine besondere Bedeutung zu, da es nicht durch andere Kapitalformen ersetzbar oder ausgleichbar ist. Ressourcen dürfen nur in dem Maße genutzt werden, in dem sie sich selbst wieder regenerieren können, was fossile Energieträger weitestgehend ausschließt. Das bedeutet auch, dass ökonomisch oder sozial nachhaltige Strategien nicht zulässig sind, wenn sie das Naturkapital unverhältnismäßig verringern.

Im Gegensatz dazu lässt die *schwache* Nachhaltigkeit einen Austausch von Natur- durch Sachkapital prinzipiell unbegrenzt zu. Wirtschaftswachstum kann demnach zusätzliche Treibhausgasemissionen legitimieren und ausgleichen. Dadurch können Baumaßnahmen, zum Beispiel Fußballstadien, Hotels oder Möbelgeschäfte, die ein ökologisches Problem darstellen, gerechtfertigt werden, da sie kulturelle Unterhaltung, Tourismus oder Arbeitsplätze in der Umgebung schaffen. Dieser Ansicht wird von Vertreter:innen der starken Nachhaltigkeit mit Verweis auf die endgültigen physischen Belastungsgrenzen der Biosphäre und Ökosysteme widersprochen (ebd.) (Tabelle 2.1).

Tabelle 2.1 Starke vs. schwache Nachhaltigkeit (Eigene Darstellung)

Nachhaltigkeitskonzepte	
schwach	stark
neoklassische Ökonomie	ökologische Ökonomie
anthropozentrisch	ökozentrisch
Wachstum & Umwelt: Einklang	Wachstum & Umwelt: Konflikt
Naturkapital substituierbar	Naturkapital **nicht** substituierbar
Technik, Innovation, Wachstum	Kreislaufwirtschaft
Effizienz	Suffizienz

Der negative Einfluss von priorisiertem Wirtschaftswachstum auf die Ökobilanz wurde bereits in Abschnitt 2.1.4 beleuchtet und zeigt sich auch in der Kritik an den klassischen Nachhaltigkeitsmodellen.

2.2.2 Säulenmodell und Nachhaltigkeitsdreieck

Das klassische Säulenmodell ist aus dem Abschlussbericht der Enquete-Kommission[5] entstanden (Enquete-Kommission 1998: 37) und beschreibt die nach-

[5] Kommission „Schutz des Menschen und der Umwelt – Ziele und Rahmenbedingungen einer nachhaltig zukunftsverträglichen Entwicklung", eingesetzt durch Beschluss des Deutschen Bundestages 1995.

haltige Entwicklung als Errungenschaft, die von den Säulen Ökologie, Ökonomie und Soziales getragen wird. Das Nachhaltigkeitsdreieck[6] setzt sich aus drei kleineren Dreiecken zusammen, die jeweils eine der Nachhaltigkeitsdimensionen abbilden. Beide Modelle gehen davon aus, dass alle drei Dimensionen gleich wichtig sind und kein Bereich bevorzugt werden sollte (siehe Abbildung 2.4).

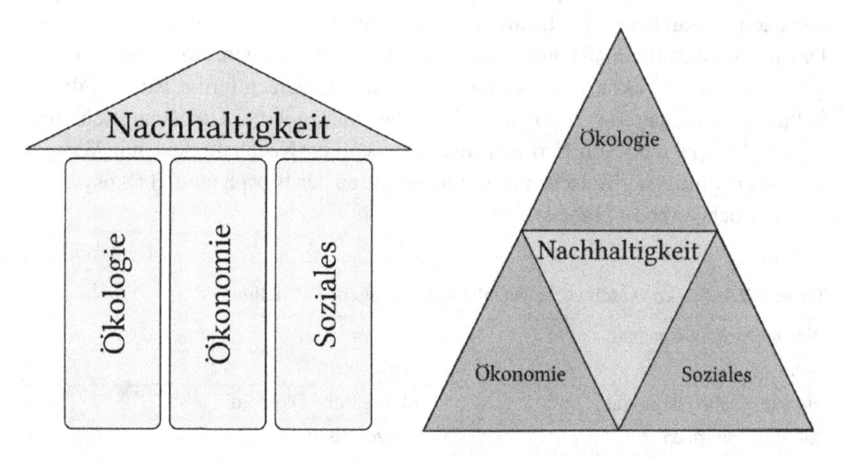

Abbildung 2.4 Säulenmodell und Nachhaltigkeitsdreieck. (Eigene Darstellung)

In der Praxis werden diese gleichrangigen Gewichtungen allerdings kontrovers diskutiert (siehe Abschnitt 2.2.1). So würden im Konkreten von verschiedenen Akteuren verschiedene Säulen priorisiert – beispielsweise folgen marktliberale Regierungsparteien anderen Interessen als Gewerkschaften oder Naturschutzverbände (Brand et al. 2001: 6). Wenn Ökologie, Ökonomie und Soziales als Stützpfeiler gleichrangig nebeneinanderstehen, kann die Interpretation nachhaltiger Entwicklung zwangsläufig beliebig gedehnt werden. Auf Staatsebene beeinflussen zudem die vorherrschenden kulturellen, politischen oder religiösen Bedingungen, welche Interessen und Bedürfnisse wie stark gewichtet werden. Daraus ergeben sich notgedrungen Zielkonflikte, beispielsweise bei der Verteilung von Geldern. Die größte Kritik an diesen Modellen ist daher ihre gleichberechtigte Trinität, die dem Naturkapital keinen Sonderstatus zuweisen. Sie sind klassische Vertreter der *schwachen* Nachhaltigkeit.

[6] Die genaue Herkunft dieses Modells lässt sich nicht eindeutig rekonstruieren. An mehreren Stellen wird der Oldenburger Professor Bernd Heins als Urheber genannt.

2.2.3 Zauberscheiben-Modell

Das Zauberscheiben-Modell geht auf Hans Diefenbacher (Abbildung 2.5, links) zurück (Diefenbacher et al. 1997) und wurde von Störmer (Abbildung 2.5, rechts) ergänzt (Störmer 2001). Es teilt Nachhaltigkeit ebenfalls in die drei Bereiche Umwelt, Wirtschaft und Gesellschaft/Soziales auf und diese wiederum in verschiedene Teilziele, die von unterschiedlichen gesellschaftlichen Gruppen erfüllt werden sollen. In der Erweiterung werden die zusammengehörigen Teilziele eines Bereichs als miteinander verbundene Zahnräder dargestellt, die die Richtung und Geschwindigkeit der übergeordneten „Zauberscheibe“ bestimmen können. Beide Varianten stellen deutlich umfangreichere Modelle dar und verstehen sich als systemische Betrachtung des Nachhaltigkeitskomplexes. Ebenso wie beim Säulenmodell wird die Gleichwertigkeit der drei Dimensionen vorausgesetzt, wodurch sie insgesamt ein *schwaches* Nachhaltigkeitmodell abbilden.

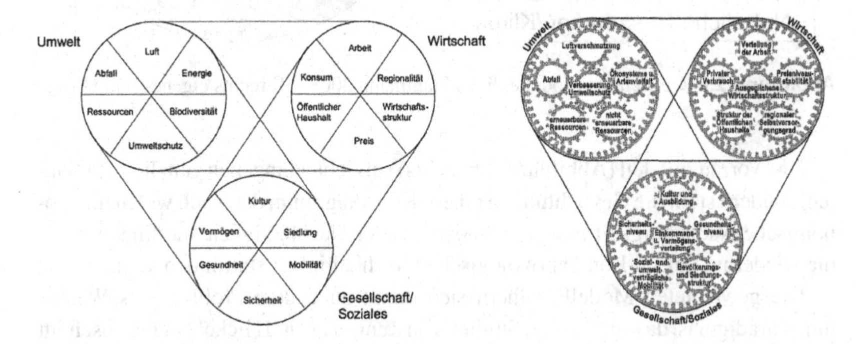

Abbildung 2.5 Zauberscheibenmodelle von Diefenbacher et al. 1997 und Störmer 2001

2.2.4 Gewichtete Modelle und weitere Dimensionen

Ein weiterer Ansatz sind gewichtete Modelle, die in ihrer Darstellung eher einer *starken* Nachhaltigkeit entsprechen. Sie heben die Dimension der Ökologie beziehungsweise die Wichtigkeit der natürlichen Ressourcen hervor, da sie sie als nicht verhandelbare Basis sozialer und ökonomischer Nachhaltigkeit betrachten.

Eines dieser Modelle geht auf Volker Stahlmann zurück (Abbildung 2.6 links), der die ökologische Säule des „Nachhaltigkeitstempels“ zu seinem Fundament umbaute, auf dem die restlichen Säulen stehen. Gleichzeitig brachte er den Bereich Kultur als zusätzliche Säule ein, so dass nachhaltige Entwicklung nach seinem

Modell aus kultureller, sozialer und ökonomischer Nachhaltigkeit bestehen, die ihrerseits von der ökologischen Nachhaltigkeit (Ressourcen, Klima) abhängig sind (Stahlmann 2008: 61).

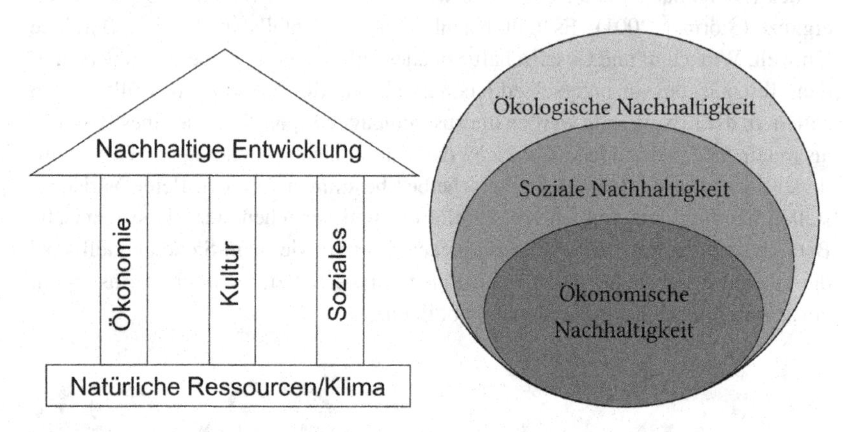

Abbildung 2.6 Gewichtete Modelle, links Stahlmann 2008: 61, rechts eigene Darstellung.

Das Vorrangmodell (Abbildung 2.6 rechts) verzichtet hingegen gänzlich auf Säulen, sondern stellt die Gewichtung in einem Kreisdiagramm dar, nach welchem ökonomische Nachhaltigkeit nur im Kontext sozialer Nachhaltigkeit stattfinden kann, die wiederum nur im Kontext ökologischer Nachhaltigkeit stattfinden kann.

Die gewichteten Modelle nähern sich damit auch dem Problem des Wachstumsparadigmas, das auch in den Studien von Zeng et al. und Hickel (siehe Abschnitt 2.1.4) auftaucht. Sie verwerfen dabei ökonomische Nachhaltigkeit nicht, sondern ordnen sie in ein ökozentrisches Konzept ein.

Ergänzungen und Spezifizierungen der Modelle werden immer wieder diskutiert und fallen je nach fachlicher Blickrichtung unterschiedlich aus. Stahlmann ist nicht der einzige, der eine vierte Dimension vorschlägt, es gibt zahlreiche weitere Ideen, zum Beispiel die einer „politisch-institutionellen Dimension", die die „Bedeutung von Partizipation und Integration" herausstellen soll (Vitols 2011: 19).

Volker Grassmuck sieht in einer „informationellen Nachhaltigkeit" die nachhaltige Verfügbarkeit von Wissensbeständen (Grassmuck 2002: 162 ff.), vor allem im Zusammenhang mit Urheberrechten und freier Software:

> „In Bezug auf die natürliche Umwelt hat unsere Generation schmerzhaft die Bedeutung der Nachhaltigkeit gelernt. Parallel dazu stellte sich eine technologische Innovation in

> der Papierproduktion am Ende des 19. Jahrhunderts als Zeitbombe für die gedruckten Wissensbestände heraus. Selbst mit den größten Anstrengungen wird es nur möglich sein, einen Bruchteil der Bücher, Noten, Karten, Handschriften eines ganzen Jahrhunderts vor dem Säurefraß zu retten. Hätte unsere Wissenskultur etwas aus diesen Erfahrungen gelernt, würde sie heute nicht sehenden Auges in die nächste Katastrophe rennen. Statt der Kontrolltechnologien, die auf einen kurzfristigen Investitionschutz von Partikularinteressen ausgelegt sind, würde eine Wissenspolitik im Interesse der Allgemeinheit, das auch kommende Generationen einschließt, die Verwendung von offenen Technologien vorschreiben. Nur so ist eine Nachhaltigkeit zu gewährleisten, die die Lebensdauer einer Startup-Firma überschreitet.“ (Grassmuck 2002: 176)

Auch Ralf Döring listet in seiner Aufzählung der für kommende Generationen zu hinterlassende Güter menschliches Wissen als wichtiges, zu erhaltendes Kapital auf (Döring 2004: 4 f.) und schließt sich damit der Argumentation Grassmucks im weitesten Sinne an.

Ein etwas aktuellerer Diskurs wird innerhalb des Arbeitskreises Nachhaltigkeit der Gesellschaft für Informatik geführt: In einem Diskussionspapier (ausführlichere Vorstellung in Abschnitt 5.3) schlägt der Arbeitskreis vor, im Nachhaltigkeitsmodell als vierte Säule die informationelle Nachhaltigkeit einzuführen, welche die Bereiche „Bildung, Information, Langzeitarchivierung, Öffentlichkeit, demokratische Prozesse“ umfasst (Arbeitskreis Nachhaltigkeit der Gesellschaft für Informatik 2022: 5).

2.2.5 Entwurf: Modell für eine starke digitale Nachhaltigkeit

Eine Dimension der informationellen Nachhaltigkeit einzuführen wird insbesondere in den informationstechnologischen Fachbereichen immer wieder vertreten und erscheint unter folgenden Gesichtspunkten mehr als sinnvoll:

- Die Globalisierung und die Digitale Revolution haben dazu geführt, dass das menschliche Zusammenleben heute maßgeblich von IKT abhängt und beeinflusst wird.
- Der nachhaltige oder unnachhaltige Umgang mit Informationen hat direkte Auswirkungen auf ökonomische Prozesse: Machtmonopole, Lock-In-Effekte, wirtschaftliche Abhängigkeiten.
- Datengetriebene Wirtschaftsmodelle haben wiederum Einfluss auf soziale Prozesse und auf die Grundlagen der Demokratie und der Menschenrechte, die potenziell durch Zensur, Propaganda oder Profiling gefährdet werden.

– Das gesammelte Wissen und die erworbenen Fähigkeiten der menschlichen Zivilisation sind die Grundpfeiler ihrer Weiterentwicklung. Damit kommende Generationen darauf auch zugreifen können, dürfen (zumindest elementares) Wissen und Fähigkeiten nicht durch Lizenzen oder Patente versperrt werden.

Abbildung 2.7 zeigt ein Modell für digitale Nachhaltigkeit, das eine Säule der *informationellen* Nachhaltigkeit berücksichtigt und gleichzeitig eine *starke* Nachhaltigkeit darstellt. In diesem Entwurf wird analog zu Stahlmanns Modell (Abbildung 2.6) von einer Vorrangstellung der ökologischen Nachhaltigkeit ausgegangen, die als unverzichtbare Basis aller weiterer Nachhaltigkeitsdimensionen angenommen wird. Darauf bauen die drei Säulen der ökonomischen, sozialen und informationellen Nachhaltigkeit gleichrangig auf, wobei sie inhaltlich ineinander greifen, wodurch sich insgesamt ein stabiles Konstrukt für digitale Nachhaltigkeit ergibt. Dieses Modell soll in der weiteren Arbeit als Schablone für die thematische Auseinandersetzung mit Nachhaltigkeit im Kontext der digitalen Plattformen dienen.

Abbildung 2.7 Entwurf eines Modells für starke digitale Nachhaltigkeit. (Eigene Darstellung)

3 Nachhaltigkeit und die Digitalindustrie

Wenn an den Schnittstellen von Nachhaltigkeit und Digitalisierung geforscht wird, ist es sinnvoll, zunächst einen Blick auf die größten sozialökologischen Krisen zu werfen und zu prüfen, welche kausalen Zusammenhänge mit den Digitalisierungsprozessen der vergangenen Jahrzehnte bestehen. Dadurch sind vorsichtige Abschätzungen der Folgen eines unveränderten Trends möglich und alternative Strategien können geprüft werden.

Sozialökologische Krisen sind nie trennscharf voneinander abgrenzbar. Ihre Übergänge sind fließend und sie stehen miteinander in Wechselwirkung. So ist der Klimawandel nicht nur ein ökologisches, sondern auch ein soziales Problem. Überwachung und Zensur sind vorrangig Themen informationeller Nachhaltigkeit, ihre Auswirkungen sind jedoch auch sozial und wirtschaftlich. Die in Abschnitt 2.7 vorgestellten Nachhaltigkeitsdimensionen werden in diesem Kapitel das Gerüst zur Kategorisierung dieser Themen bilden. Die Zuordnung soll dabei nicht als ausschließend verstanden werden, sondern vielmehr als sinnvolle Gruppierung:

J. Kollien, *Digitale Nachhaltigkeit als Leitmotiv für Kommunikationsplattformen*, BestMasters, https://doi.org/10.1007/978-3-658-46521-6_3

ökologisch	**ökonomisch**
Energie- & Rohstoffverbrauch	Plattformwirtschaft
Herstellung & Entsorgung	Konsummuster & Rebound-Effekte
Verlust von Fläche & Biodiversität	Datenökonomie/Überwachungskapitalismus
sozial	**informationell**
Arbeitsbedingungen & Menschenrechte	Datenschutz & Privatsphäre
Soziale Ungleichheiten	Staat, Zensur & Propaganda
Hate speech, fake news & rabbit holes	Die Bedeutung von Wissen

Hierbei wird jeweils der Bezug zur Digitalindustrie erarbeitet, mit besonderem Fokus auf die in Abschnitt 1.4.1 bereits erwähnten „Big Five“. Dabei handelt es sich um die Unternehmen Google, Amazon, Meta, Apple und Microsoft (GAMAM)[1]. Sie gehören zu den zehn größten Unternehmen, gemessen an ihrer Marktkapitalisierung (PwC 2023: 17) und verfügen über eine enorme globale Macht über Hardware, Software, Betriebssysteme, Serverdienste, Onlinemärkte, Kommunikationsdienste sowie Analyse-, Geo- und Metadaten. Tabelle 3.1 zeigt ihre größten Dienste und Plattformen:

Tabelle 3.1 GAMAM-Dienste und -Plattformen

Google	Amazon	Meta	Apple	Microsoft
Google Search	Amazon	Facebook	MacOS	Windows
Google Maps	Alexa	Instagram	iTunes	MS Office
Google Docs	Audible	WhatsApp	iCloud	Skype
G-Mail	Prime Video	FB Messenger	Apple TV+	Xbox
YouTube	Twitch	Quest (Oculus)	Apple Arcade	Teams
Analytics	Cloud Service	…	AppStore	MS Store
PlayStore	IMDb		iPhone	…
Android	…		…	
…				

[1] Diese sind eher unter dem Akronym „GAFAM“ bekannt. Seit der Umbenennung von Facebook in Meta verbreitet sich allerdings zunehmend „GAMAM“. Im Börsenkontext ist teilweise auch die Abkürzung „FANGMAN“ gebräuchlich: Facebook, Apple, NVIDIA, Google, Microsoft, Amazon und Netflix.

Parallel dazu existiert ein großes Technologie-Ökosystem im chinesischen Raum: Die Suchmaschine Baidu, die eine eigene Enzyklopädie enthält, die Gaming- und Messengerplattform Tencent, die auch QQ, WeChat und Snapchat beinhaltet, und das Online-Warenhaus Alibaba, zu dem auch die Auktionsplattform Taobao Wang, der Microbloggingdienst Sina Weibo und die Ant Financial Services Group mit ihrer Tochterfirma Sesame Credit gehören. Die drei großen Unternehmen haben zudem ihre eigenen Pay-Apps, mit denen überall im Land bezahlt werden kann. Über Chinas Grenzen hinaus besonders bekannt ist die Video-Sharing-App TikTok, die 2016 von der Firma Beijing Bytedance Technology entwickelt wurde.

Neben den chinesischen Tech-Unternehmen und GAMAM gibt es noch zahlreiche weitere Vertreter der Digitalindustrie von signifikanter Größe, zum Beispiel Netflix, Nvidia, Samsung, X (ehemals Twitter), Zoom, und viele mehr. Sie haben gemeinsam, dass sie die weltweiten sozialökologischen Krisen auf verschiedene Weise beeinflussen. Sowohl ihre Auswirkungen darauf als auch ihre unternehmerische Verantwortung finden bislang im öffentlichen Diskurs wenig Beachtung.

3.1 Ökologische Faktoren

Die global offensichtlichste und bedrohlichste Krise des 21. Jahrhunderts ist der anthropogen verursachte Treibhauseffekt und die daraus resultierende Erwärmung des Klimasystems. Seit Beginn der Industriellen Revolution hat die Menschheit etwa 1,5 Billionen Tonnen Kohlenstoffdioxid freigesetzt, dazu kommen größere Mengen Methan sowie Distickstoffmonooxide in den letzten Jahrzehnten – zusammengerechnet werden jedes Jahr 52 Gigatonnen Treibhausgase produziert, die sich in der Erdatmosphäre ansammeln (Olivier & Peters 2020: 4, Friedlingstein et al. 2022). Die daraus folgende stetige Erwärmung vollzieht sich in einem – relativ zu bisherigen Klimaveränderungen der Erde betrachtet – extrem hohen Tempo und fast jedes Jahr werden neue Rekorde gebrochen. Laut einem Bericht der Weltorganisation für Meteorologie lag die globale Mitteltemperatur 2023 bei 1,45° C über dem vorindustriellen Niveau – so hoch wie noch nie seit Beginn der Aufzeichnungen – und der Zeitraum von 2013 bis 2023 war insgesamt die heißeste je gemessene Dekade (WMO 2024: 3 f.). Das ist besonders auch in Europa spürbar: Der deutsche Wetterdienst berichtet, dass 2014 erstmalig die Jahresdurchschnittstemperatur in Deutschland über 10° C lag – seitdem sind solche Werte in fast jedem Jahr aufgetreten (Imbery et al. 2023: 3). Das Intergovernmental Panel on Climate Change (IPCC) warnt, dass der Anstieg der globalen mittleren Oberflächentemperatur im Vergleich zum vorindustriellem Niveau wahrscheinlich bereits Anfang der 2030er

Jahre den Wert von 1,5° C erreichen wird, selbst in optimistischen Berechnungsszenarien (Shukla et al. 2022: 14, 22).

Die prognostizierten ökologischen, sozialen und geopolitischen Auswirkungen des Klimawandels (Forster et al. 2020: 916 f., Gaillard 2021: 14 f.) treten bereits zunehmend ein. Dazu gehören:

- Extremwetterereignisse wie Dürren, Hitzewellen, Waldbrände, Überflutungen und Stürme, Zerstörung von Städten und Infrastruktur, Ernteausfälle,
- Beschleunigung des Massenaussterbens von Tier- und Pflanzenarten durch Verlust oder zu drastische Veränderung von Lebensräumen und Nahrungsangebot,
- Gletscherschmelze, Anstieg der Meeresspiegel, Gefährdung von Küstenstädten, Verlust mariner Biodiversität durch veränderte Wasserbedingungen,
- Ausbreitung von Krankheiten durch wärmeliebende Erreger, Wetterkatastrophen, Störungen der Infrastruktur und Gesundheitsversorgung,
- gesellschaftliche Konflikte und Migration, ausgelöst durch Knappheit an Trinkwasser, Nahrung, Fläche und Ressourcen sowie geopolitische Spannungen.

Von den Auswirkungen des Klimawandels sind überdurchschnittlich stark die Länder des Globalen Südens betroffen. Diese haben jedoch am wenigsten zur Entstehung beigetragen[2] (Friedlingstein et al. 2022, Ritchie et al. 2023). Die Emission von Treibhausgasen steht in direktem Zusammenhang mit Wohlstand und ist Folge eines energieintensiven Lebensstils mit Elektrizität, Heizung und Klimaanlagen, Beleuchtung, modernem Kochen, Flugzeugen, motorisiertem Individualverkehr sowie Warentransport und natürlich digitaler Infrastruktur, also Computern, Smartphones und energieintensiven Rechenzentren (Ritchie et al. 2023).

Neben dem Klimawandel durch den Treibhauseffekt gehört zu den größten ökologischen Krisen das momentane Massenaussterben[3]. Im Verlauf der jüngeren Erdgeschichte gab es bereits fünf große Massenaussterben, das letzte vor etwa 66 Millionen Jahren, das drei Viertel aller Arten inklusive der Dinosaurier nicht überlebten.

[2] Die drei größten Emittenten USA, Europa und China sind zusammen für etwa 60 % aller bisher ausgestoßenen Treibhausgase verantwortlich. Der Beitrag ganz Afrikas und Südamerikas zusammen liegt bei etwa 6 % – genau so viel wie Deutschland allein.

[3] Aussterben von Pflanzen- und Tierarten ist grundsätzlich normal und Teil der evolutionären Entwicklung. Dies wird naturwissenschaftlich als *Hintergrundaussterben* bezeichnet. Im Unterschied dazu wird von *Massenaussterben* gesprochen, wenn in geologisch relativ kurzen Zeiträumen (tausend bis hunderttausend Jahre) der Verlust verschiedener Arten das Hintergrundaussterben um das mehr als Tausendfache übersteigt oder mehr als drei Viertel aller existierenden Arten betrifft.

Massenaussterben wurden bislang durch massive geologische Veränderungen (Bewegungen der Superkontinente, Megavulkanismus) oder Asteroideneinschläge verursacht, in deren Folge sich Temperatur, Lichtmenge oder chemische Beschaffenheit von Luft und Wasser gravierend veränderten. Das sechste Massenaussterben, das wir heute beobachten müssen, ist bereits älter als der Klimawandel, wird von ihm aber stark beeinflusst. Der Prozess beschleunigt sich seit einigen Jahrhunderten zunehmend und gilt mit inzwischen durchschnittlich 150 verlorenen Arten pro Tag als äußerst dramatisch (Ceballos et al. 2015: 3–4). Die International Science-Platform on Biodiversity and Ecosystem Services (IPBES) und der World Wide Fund for Nature (WWF) zeigen in ihren Berichten: Insbesondere seit der Industrialisierung gehen die Bestände stark zurück, seit den 1970er Jahren sind die erfassten Bestände sogar um mehr als zwei Drittel geschrumpft (Brondizio et al. 2019: 206 ff.; Almond et al. 2020: 6, 10; Ceballos et al. 2017: 2).

Der derzeitige Verlust an Biodiversität gilt ebenso wie die derzeitigen Klimaveränderungen als weitestgehend anthropogen verursacht. Die Ursachen werden darin gesehen, dass der Mensch bis heute etwa 75 % der Landoberfläche und 66 % des Meeresraums stark verändert hat. 85 % aller Feuchtgebiete sind inzwischen verschwunden und Tropenwälder, die etwa die Hälfte der gesamten biologischen Vielfalt beherbergen, werden in großem Stil gerodet (WWF 2020:12, 67, 99; Ceballos et al. 2017: 2). Hauptfaktoren für den Rückgang von Flora und Fauna sind demnach Verluste an Lebensräumen durch

- Landnutzung, Abholzung, Monokulturen und Pestizide,
- Flächenversiegelung in den Städten, Industrialisierung, Straßenverkehr, Lärm- und Lichtverschmutzung,
- Klimawandel und damit einhergehende Überwärmung, Verlust polarer Lebensräume, Versauerung und Entsalzung der Ozeane,
- Umweltverschmutzung durch Industrieabwässer, Erdöl, Schwermetalle und Plastik,
- Schiffahrt, Bergbau, Aquakulturen, Tiefseebergbau,
- Biologische Bedrohungen durch neue Viren, antibiotikaresistente Bakterien oder Neophyten[4],
- Jagd, Fischerei und Wilderei.

[4] Neophyten sind durch Menschen in ein Gebiet eingebrachte, dort nicht heimische Arten.

Die Arten innerhalb der Ökosysteme hängen in empfindlicher Balance miteinander zusammen und „Schlüsselarten“ spielen eine besonders kritische Rolle[5] (Paine 1995: 962–964). Auch der Mensch ist von diesen aufeinander abgestimmten Systemen in grundlegender Weise abhängig, da sie für Nahrung, sauberes Wasser und Sauerstoff sorgen. Der Rückgang der Artenvielfalt ist in den meisten Fällen irreversibel.

3.1.1 Energie- & Rohstoffverbrauch

Der Beitrag der Kommunikationstechnologie zum Klimawandel lässt sich schwer exakt messen. Ihr Energieverbrauch bewegt sich seit 2020 Schätzungen zufolge im Bereich von 6 % bis 21 % des Gesamtenergieverbrauchs (Andrae & Edler 2015: 138) mit prognostizierter anschließender Steigerung. Abbildung 3.1 zeigt ein wahrscheinliches Szenario für die Entwicklung des Stromverbrauchs bis 2030 durch Kommunikationstechnologie, nach dem vor allem die Geräteverbindungen und die Nutzung von Clouds zunehmen wird. Verschiedene Berechnungen legen nahe, dass Kommunikationstechnologie im Jahr 2030 bereits mehr als die Hälfte des weltweit verbrauchten Stroms ausmachen sowie für 23 % der emittierten Treibhausgase verantwortlich sein könnte (Andrae & Edler 2015: 144). Das umfasst vor allem Rechenzentren und Infrastruktur (Kabel, Router, Funknetze), aber auch Produktion, Versand und Betrieb von Endgeräten.

Die Antwort der Digitalkonzerne und Branchenverbände auf dieses Problem besteht meist in einem Verweis auf den Ausbau erneuerbarer Energien oder in der Verwendung energieeffizienterer Einzelteile, wie beispielsweise sparsamerer Prozessoren. Diese technologischen Errungenschaften und Bemühungen fallen jedoch wieder Rebound-Effekten zum Opfer (mehr dazu in Abschnitt 3.3.2).

Steffen Lange, Johanna Pohl und Tilman Santarius untersuchten dazu konkret vier Effekte der Digitalisierung und ihre Auswirkungen auf den Gesamtenergieverbrauch:

---

[5] „Schlüsselarten“ oder *Keystone Species* sind Arten mit einem unverhältnismäßig großen Einfluss in einem Ökosystem, von denen zahlreiche weitere Tier- und Pflanzenarten direkt abhängen und durch deren Verlust diese Systeme weitgehend kollabieren würden. Beispiele dafür sind: Fliegende Insekten, von denen die Reproduktion vieler Blütenpflanzen abhängt oder die die Nährstoffkreisläufe in Wäldern beeinflussen, bestimmte Pflanzenfresser in Steppen,deren (Fress-)Verhalten Waldbrände verhindert, wodurch andere Säugetiere bessere Überlebenschancen haben, oder bestimmte Land- und Wasserraubtiere, die für eine Dezimierung anderer Arten sorgen, die sich sonst unkontrolliert ausbreiten würden und einen schädlichen Einfluss auf ihre Ökosysteme hätten.

1. Produktion, Nutzung und Entsorgung *(Verbrauch erhöhend)*
2. Verbesserung der Energieeffizienz *(Verbrauch senkend)*
3. Wirtschaftswachstum *(Verbrauch erhöhend)*
4. Sektorielle Veränderungen *(Verbrauch senkend)*

Sie stellten fest, dass im Ergebnis der Verbrauch trotz Effizienzbemühungen steigt, da Fortschritte von negativen Effekten wieder verzehrt werden. Insgesamt seien die „Hoffnungen, dass Digitalisierung den Energieverbrauch reduziere, unbegründet. […] Der steigende Energieverbrauch wird voraussichtlich anhalten, da die reduzierenden Effekte tendenziell Mechanismen auslösen, die zu erhöhenden Effekten führen." (Lange et al. 2020: 8; Übersetzung durch die Autorin)

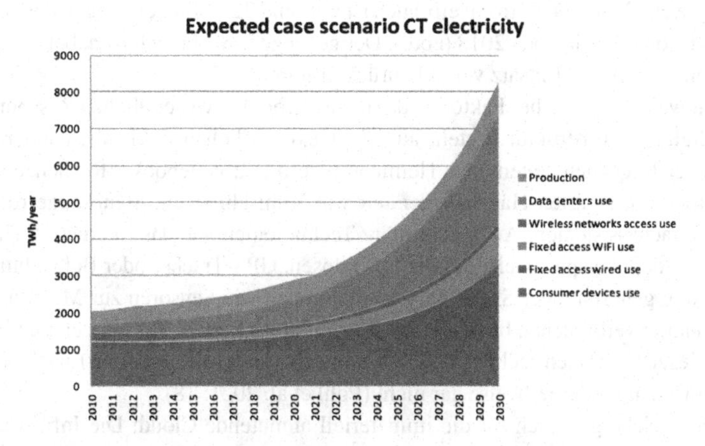

Abbildung 3.1 Berechnungsmodell von Andrae & Edler 2015 hinsichtlich des weltweiten Energieverbrauchs durch Kommunikationstechnologie bis 2030

Die Ursachen für den steigenden Verbrauch sind vielfältig. Sie können zum Teil auf die zunehmende weltweite Verbreitung von Endgeräten, die höheren Bedarfe durch sogenannte Künstliche Intelligenz (KI)/Machine Learning oder eine stärker wachsende Gesamtdatenmenge zurückgeführt werden.

Ein unterschätzer Verhinderer sparsameren Betriebs ist die Programmierung. Computer, Smartphones und auch Rechenzentren können nur so energieeffizient sein, wie die Software, die auf ihnen läuft, doch gesetzliche Anforderungen an die Energieeffizienz von Softwareprodukten existieren – Stand 2023 – noch nicht. Für Anwendungssoftware haben die Herausgeber:innen des Umweltzeichens *Blauer Engel* 2020 einen Kriterienkatalog entwickelt, der unter anderem die Hardware-Auslastung und den Energiebedarf, die Nutzungsautonomie (Modularität, Transparenz, Werbefreiheit, Deinstallierbarkeit sowie Offlinefähigkeit) und auch die Abwärtskompatibilität[6] berücksichtigte (Naumann et al. 2021: 30 ff.). Bisher vergeben wurde der Blaue Engel für Software nur an den plattformunabhängigen, vor allem von Linux-Distributionen bekannten PDF-Reader *Okular* der KDE-Community.

Die Digitalindustrie hat nicht nur einen großen Strombedarf, sondern verbraucht daneben auch große Mengen Wasser, besonders in der Herstellung von Hardware und bei der Kühlung von Rechenzentren. Laut dem im Juli 2023 veröffentlichten Umweltbericht hat Google im Jahr 2022 rund 21 Millionen Kubikmeter Wasser verbraucht. Das entspricht einer Steigerung von rund 20 % gegenüber dem Vorjahr (Google 2023: 50). Der Stromverbrauch ist mit rund 22 Millionen Megawattstunden doppelt so hoch wie noch 2018 (ebd.). Der gestiegene Verbrauch ist dabei großteils auf den vermehrten Einsatz von KI zurückzuführen.

Ein weiterer kritischer Faktor ist der hohe Verbrauch von endlichen Ressourcen. Die digitale Infrastruktur besteht aus einer extrem hohen Zahl miteinander verbundener Recheneinheiten, also Heimcomputern und Notebooks, Rechenzentren, Smartphones, smarten Haushaltsgeräten wie Kühlschränken, Staubsaugerroboter oder Sprachassistenten. Auch ubiquitäre Technologien wie das Internet of Things (IoT), zu dem beispielsweise smarte Steckdosen, GPS-Tracker oder Beleuchtungssteuerung gehören, oder Smart-City-Installationen wie Sensoren zur Messung der Luftqualität verbrauchen bei der Herstellung und im Betrieb Ressourcen und Energie. Dieser Verbrauch rechnet sich durch die Effizienzvorteile oft erst nach langer Nutzungsdauer oder teilweise gar nicht (Pohl et al. 2021: 18).

Das gleiche gilt auch für die immateriell anmutende Cloud: Die Infrastruktur hinter dem Datenaustausch besteht aus physischen Komponenten in Form von Überland- und Unterseekabeln, die durch Router zu einem Netz verbunden sind. Informationen zwischen Rechenzentren und Hausanschlüssen oder mobilen Geräten werden über Kupferleitungen, Glasfaserkabel oder Funk ausgetauscht. Für Leitungen werden vor allem Metalle verbraucht, Mobilfunkstationen und die dahinterliegende Infrastruktur benötigen Strom.

---

[6] Durch die Weiterentwicklung von Software steigen auch die Ansprüche an Hardware, so dass Hardware immer schneller ersetzt werden muss. Das hat wiederum einen steigenden Bedarf an Rohstoffen, weiterer Produktion und einer Zunahme des Recycling- und Entsorgungsproblems zur Folge. Siehe hierzu auch Abschnitt 3.1.2. Abwärtskompatible Software ist länger auf Hardware lauffähig und unterstützt auch nicht ganz neue Geräte und sorgt somit für eine längere Nutzungsdauer.

Die Bundesanstalt für Geowissenschaften und Rohstoffe (BGR) veröffentlichte Ende 2020 die Kurzstudie *Metalle in Smartphones*, die den Rohstoffbedarf zur Herstellung von Mobiltelefonen aufzeigt und welche Folgen das inzwischen verschwenderische Ausmaß der Produktion hat. Rund 45 % des Gewichts eines Smartphones (ohne Akku) machen verschiedene Metalle aus, insbesondere Eisen, Silizium, Magnesium, Aluminium, Kupfer, Nickel, Chrom, Zinn, Zink, Wolfram und Strontium. Besonders problematisch sind Gold, Palladium, Platin, Tantal und Kobalt sowie die Metalle der Seltenen Erden Neodym, Dysprosium und Gadolinium. Sie sind zwar in vergleichsweise geringeren Mengen verbaut, doch bei 1,5 Milliarden produzierten Smartphones jährlich ist der Gesamtanteil signifikant und hat gravierende ökologische und soziale Auswirkungen (siehe dazu die Abschnitte 3.1.2 und 3.2.1). Die Edelmetalle sind jedoch in der Herstellung bislang unersetzbar (Bookhagen & Bastian 2020: 3).

3.1.2 Herstellung & Entsorgung

Die für Hardwareproduktion und Ausbau der Infrastruktur benötigten Rohstoffe liegen zwar in der Erdkruste des gesamten Planeten, aber besonders häufig in Ländern des Globalen Südens, also Latein- und Südamerika, Zentralafrika und Südostasien. 86 % der Seltenen Erden stammen aus China, 79 % des weltweit abgebauten Germaniums und 89 % des Galliums. Die Demokratische Republik Kongo fördert rund 58 % des weltweit gehandelten Kobalts und 41 % des Tantals. Kupfer wird insbesondere in Chile (27 %) abgebaut, Platin und Palladium in Südafrika (70 % und 36 %) (Bookhagen & Bastian 2020: 10).

Kritisch ist der Verbrauch dieser seltenen und kostbaren Rohstoffe vor dem Hintergrund, dass sie nur zu einem geringen Anteil in einen nachhaltigen Nutzungskreislauf zurückgelangen. Der Global E-Waste Monitor hat festgestellt, dass seit 2014 die globale Menge an Elektroschrott um etwa 21 % gestiegen ist; die höchste jährliche Pro-Kopf-Menge an Elektroschrott wird dabei in Europa produziert (16,2 kg), gefolgt von Ozeanien (16,1 kg) und Amerika (13,3 kg) – die globale Recyclingquote kann mit dem aktuellen Verbrauch nicht mithalten (Forti et al. 2020: 13 f.). Diese liegt bei Smartphones mit 5–10 % in einem besonders niedrigen Bereich (Bookhagen & Bastian 2020: 2). Obwohl bei den meisten Metallen sowohl die Umweltauswirkungen als auch der Energieverbrauch niedriger sind, wenn sie aus Recycling zurückgewonnen werden, im Vergleich zur Primärgewinnung, ist eine vollständige Wiederaufbereitung aller Rohstoffe in entsorgten Smartphones aus technischen oder wirtschaftlichen Gründen oft nicht realisierbar oder sinnvoll (Graedel et al. 2011: 364) Die BGR-Studie gelangt zu dem Schluss, dass es „selbst bei der Umsetzung sehr effektiver Recyclingtechnologien […] weiterhin notwendig sein [wird], auf primäre Rohstoffe zurückzugreifen, um den globalen Rohstoffbedarf decken zu können." (Bookhagen & Bastian 2020: 11).

Neben fehlenden oder ineffizienten Recyclingverfahren ist auch der zunehmende Verschleiß von Elektrogeräten – insbesondere in Ländern des Globalen Nordens – eine Ursache für die steigende Gesamtmenge an Elektroschrott. Die hohe Zahl kommt unter anderem durch ein zu schnelles Ersetzen von Endgeräten zustande. Felix Sühlmann-Faul und Stephan Rammler weisen in diesem Zusammenhang auf das Problem fehlender Softwareunterstützung bei Smartphones hin: Hersteller liefern neue Softwareversionen mit Fähigkeiten- und Sicherheitsupdates der Betriebssysteme Android und iOS in der Regel nur für ein bis eineinhalb Jahre, was dazu führt, dass viele Nutzer:innen bereits nach dieser kurzen Zeit auf ein neueres Gerät umsteigen. Aus technischer Sicht wären die Geräte oft sehr viel länger nutzbar (Sühlmann-Faul & Rammler 2018: 137 f.).

Illegaler Export von Elektroschrott

Ein bedeutender Teil des Elektroschrotts wird auf illegalem Weg exportiert und landet in verschiedenen asiatischen oder afrikanischen Ländern, vor allem in China, wo mithilfe gesundheits- und umweltschädlicher Methoden Gold, Silber, aber auch Kupfer, Zinn, Aluminium und andere Materialien rückgewonnen werden.

Ein Bericht der European Union Action to Fight Environmental Crime (EFFACE) aus dem Jahr 2015 schätzt, dass jährlich etwa 8 Millionen Tonnen Elektroschrott aus der EU und den USA nach China exportiert werden (Geeraerts et al. 2015: 9). Auch in afrikanische Länder, vor allem Nigeria, wird Elektroschrott illegal exportiert. Möglich macht dies eine Unterscheidung zwischen

- *waste of electronical and electronic equipment* – Elektroschrott (WEEE) und
- *used electronical and electronic equipment* – Gebrauchte Elektrogeräte (UEEE).

Tatsächlich darf laut einer EU-Richtlinie Elektroschrott nicht nach Länder verschifft werden, die über eine schlechtere Recycling- oder Wiederaufbereitungsmethode als das Herkunftsland verfügen[7]. Sind die Altgeräte aber noch minimal funktionstüchtig, greift dieses Verbot nicht; lasche Zollkontrollen sind ein weiteres Schlupfloch (Löffelbein 2018). Auf den illegale Mülldeponien verbrennen Arbeiter:innen – meist ohne Schutzausrüstung und nicht selten minderjährig – Geräte und Kabel, um an die darin enthaltenen (Schwer-)Metalle wie Kupfer oder Cadmium zu kommen

[7] Basler Übereinkommen über die Kontrolle der grenzüberschreitenden Verbringung gefährlicher Abfälle und ihrer Entsorgung, 1992.

und diese zu verkaufen (ebd.). Dadurch atmen sie die dabei entweichenden oder entstehenden Schadstoffe und giftigen Dämpfe ein und umweltschädliche Chemikalien gelangen in den Boden. Die wachsenden Elektroschrottberge sind demnach gleichermaßen ein ökologisches und ein soziales, gesundheitliches Problem.

3.1.3 Verlust von Fläche & Biodiversität

Das derzeit beobachtbare Massenaussterben ist ein für die menschliche Wahrnehmung langsamer, naturwissenschaftlich betrachtet jedoch rasanter Prozess, der von einer Vielzahl Faktoren beeinflusst wird. Ähnlich wie beim Klimawandel sind die Wechselwirkungen zwischen natürlichen Phänomenen und technischen Fortschritten mitunter gewaltig und machen sich erst spät bemerkbar.

Der Einfluss der Digitalindustrie auf die schwindende Artenvielfalt besteht neben emittierten Treibhausgasen durch die Nutzung fossiler Energieträger auch im Flächenverbrauch, der durch Rohstoffgewinnung oder dem Bau von Fabriken und Rechenzentren verursacht wird. Für die Erschließung neuer Erzvorkommen und den Ausbau der Minen werden Landflächen vernichtet und wichtiger Lebensraum für Pflanzen und Tiere geht verloren. Die größten Minen der Welt liegen in Chile, Peru, Sambia, Indonesien, Mexiko und Panama, und liefern vor allem Kupfer, Blei, Silber, Kobalt, Nickel, Gold, Zinn und Zink.

Die Folgen dieses Landraubs für die Biodiversität sind insbesondere in den artenreichen Regenwäldern groß. Im Amazonasgebiet, in dem vor allem Eisen, Gold und Bauxit (Aluminiumerz) gefördert werden, richtet der Abbau schwere Schäden an. Zwischen 2005 und 2015 wurden im brasilianischen Amazonasgebiet über 10.000 km^2 Wald gerodet – das entspricht 14 % – wovon allein ein Drittel dem Tagebau anzurechnen war (Sonter et al. 2017: 2 f.). Bemerkenswert ist, dass in dieser Zeit die Geschwindigkeit der Entwaldung nach Drängen von Umweltschutzverbänden und durch politische Bemühungen bereits zurückgegangen war, aber während der Amtszeit des rechtskonservativen Jair Bolsonaro wieder stark anstieg und 2021 so hoch war wie zuletzt 13 Jahre zuvor (Eisele 2022).

Da Metallerze in verhältnismäßig geringer Konzentration vorkommen, müssen große Mengen unbrauchbarer Bodenschichten abgetragen werden, was den Ertrag im Verhältnis zu den Umweltschäden zu einem ineffizienten und destruktiven Unterfangen macht. Auch der Bau begleitender Infrastruktur – Straßen, Schienen, Häfen, Kraftwerke, Dämme und Siedlungen – kostet zusätzlich Landfläche um die Minen herum. Darüber hinaus verbraucht die Förderung selbst große Mengen Wasser, so dass in den Bergbauregionen Grundwasserspiegel sinken und Flüsse und Seen vertrocknen. Zudem verschmutzen Feinstaub, Schwermetalle und andere Schadstoffe

Wasser und Böden – sogenannter Rotschlamm entsteht, der eine hohe Gesundheitsgefahr[8] darstellt (Pilgrim et al. 2017: 19).

Eine Forschungsgruppe, die brasilianische Gewässer untersuchte, fand heraus, dass viele Fische im Amazonas mit Quecksilber belastet sind, was die flächendeckenden Vergiftungen von flussanwohnender Bevölkerung – vor allem Indigene Gemeinden – erklärt (Hacon et al. 2020: 11 f.). Hauptursache für die Verseuchung ist der Goldbergbau.

Der Club of Rome geht unter Berufung auf verschiedene Studien davon aus, dass bei einigen Metallerzen das Fördermaximum in den ersten Jahrzehnten des 21. Jahrhunderts erreicht sein wird (Bardi 2013: 15 f.). Aufgrund des ungebremsten Rohstoffhungers rücken nun auch bislang unerforschte Gebiete in der Tiefsee und Arktis und entlegene Regenwaldgebiete in den Fokus.

Scheinlösung Tiefseebergbau

Als Alternative zum klassischen Mineralbergbau wird derzeit vor allem die Ernte der Manganknollenfelder im Indischen und Pazifischen Ozean diskutiert. Schätzungen zufolge ist der Anteil an Kobalt in der Tiefsee 35 mal höher als in der Erdkruste (Pilgrim et al. 2017: 20), was insbesondere hinsichtlich der Abhängigkeit von kongolesischem Kobalt, das als „Konfliktressource" gilt (siehe Abschnitt 3.2.1), den Tiefseebergbau besonders interessant macht. Problematisch ist, dass Manganknollen sich extrem langsam entwickeln, nur wenige Millimeter in tausenden Jahren – von einer „nachwachsenden Ressource" kann beim besten Willen nicht gesprochen werden. Darüber hinaus birgt ein industrieller Abbau das Risiko, immense ökologische Schäden anzurichten. In einer Studie von Vonnahme et al. wurde der Zustand des Meeresbodens sowie die Aktivität der Mikroorganismen im tropischen Ostpazifik etwa 3000 Kilometer vor der Küste Perus untersucht. 1989 hatten deutsche Forscher:innen in einem Manganknollengebiet den Meeresboden mit einer Egge umgepflügt, um einen Abbau zu simulieren. Fast drei Jahrzehnte nach dieser Störung waren die Pflugspuren immer noch klar zu erkennen, die biogeochemischen Bedingungen hatten sich nachhaltig verändert, mikrobakterielle Prozesse waren teilweise auf die Hälfte reduziert, wodurch wesentliche Schlüsselfunktionen für die Ökosysteme eingebüßt wurden (Vonnahme et al. 2020: 2). Das Kieler Meeresforschungsinstitut Geomar fasst die Ergebnisse der Studie zusammen: „Eingriffe in den Meeresboden beeinträchtigen die betroffenen Gebiete massiv und nachhaltig. [V]iele sesshafte Bewohner der Meeresboden-Oberfläche [sind] auf die Knollen als

[8] Rotschlamm ist extrem ätzend und enthält giftige Schwermetalle. 2010 ereignete sich eine Umweltkatastrophe in Ungarn, bei der Rotschlamm aus einer Aluminiumfabrik austrat. Zehn Menschen starben, 150 wurden teilweise schwer verletzt, eine 40 km^2 große Landfläche wurde verseucht und unzählige Tiere verendeten (ORF 2010).

Substrat angewiesen und [fehlen] noch Jahrzehnte nach einer Störung im Ökosystem" (Geomar 2020).

3.2 Soziale Faktoren

Die sozialen Auswirkungen der Digitalisierung und insbesondere von Kommunikationsplattformen sind vielfältig und komplex. Hinsichtlich der Nachhaltigkeitsziele der Vereinten Nationen (siehe Abschnitt 2.1.4) sind unter anderem auch positive Aspekte zu bemerken, wie der insgesamt leichtere Zugang zu Informationen und Bildung, weltweite Vernetzung und akademischer Austausch, öffentliche Diskurse über sozialökologische Probleme, Open-Government-Konzepte oder Citizen-Science-Projekte, die wiederum dem Tier- und Umweltschutz dienen.

Wenn in der öffentlichen Debatte von negativen sozialen Auswirkungen von Kommunikationsplattformen gesprochen wird, sind häufig psychologische Effekte gemeint wie Aufmerksamkeitsprobleme, Mediensucht, Reizüberflutung oder Depressionen durch soziale Vergleiche. Studien untermauern inzwischen, dass vor allem junge Menschen, die ständig mit Scheinwelten, makellosen Körpern und aufregenden Hobbies konfrontiert sind, Selbstzweifel entwickeln können und zu einer verzerrten Selbstwahrnehmung neigen (Primack et al. 2021: 184).

In diesem Kapitel werden weniger die bereits vielfältig erforschten individuellen Auswirkungen auf Kosument:innen betrachtet, sondern gesellschaftliche Krisen, die entweder durch die Digitalindustrie entstanden sind oder durch sie befeuert werden. Soziale Probleme im Zusammenhang mit Digitalisierung beginnen bereits lange vor der Nutzung von Smartphones und Notebooks, sie beginnen dort, wo Endgeräte produziert, diskriminierende Strukturen aufgebaut oder repliziert werden und wo digitales Targeting Menschenleben bedroht.

3.2.1 Arbeitsbedingungen & Menschenrechte

Digitale Infrastruktur wird von Menschen entwickelt und produziert, doch die Spannweite der Arbeitsbedingungen ist groß. Sie reicht von gut bezahlten UX-Designer:innen in den USA oder Europa über Fließbandarbeit in China und Indien bis zu Minderjährigen in Zinnminen in Indonesien. Die bestehenden Strukturen sozialer Ungleichheiten und ausbeuterischer Arbeitsverhältnisse sind keine Erfindung der Digitalisierung, haben sich durch sie jedoch verschärft.

Elektrogeräte haben bereits eine Weltreise hinter sich, noch bevor sie das erste Mal in Betrieb gehen. Die Rohstoffe stammen zumeist aus südamerikanischen oder afrikanischen Minen, die Aufbereitung und der Zusammenbau erfolgt meist in ostasiatischen Fabriken. Was nahezu allen Zwischenstationen gemein ist, ist der kontinuierliche Vorwurf von Menschenrechtsorganisationen, dass unter denkbar schlechten Arbeitsbedingungen, teilweise auch Kinderarbeit, Zwangsarbeit oder unter Ausnutzung von politischen Konfliktzuständen, zu sehr niedrigen Löhnen produziert wird und auch Gewalt oder Gesundheitsschäden in Kauf genommen werden.

Konfliktressourcen

Die NGO *Global Witness*, die seit 1993 Menschenrechtsverletzungen und Umweltzerstörung im Zusammenhang mit Rohstoffgewinnung aufdeckt, definiert den Begriff „Konfliktressourcen" wie folgt:

> *„… natürlich vorkommende Rohstoffe, deren systematische Ausbeutung und Handel im Kontext von Konflikten davon profitieren oder dazu führen, dass schwere Menschenrechtsverletzungen, Verletzungen des humanitären Völkerrechts oder Verstöße, die Verbrechen nach dem Völkerrecht darstellen, begangen werden."* (Global Witness 2007; Übersetzung durch die Autorin.)

Es handelt sich vor allem um Stoffe aus dem Globalen Süden, die auf dem Weltmarkt stark nachgefragt sind und deren Gewinnung sich häufig einer staatlichen Kontrolle entzieht. Menschenrechtsverletzungen sind in der Folge oft inhärenter Bestandteil der Förderung. Zu solchen Ressourcen zählen neben Erdöl, Diamanten, Kakao und pflanzlichen Substanzen zur Herstellung von Drogen (Schlafmohn, Cocastrauch) auch Erze, die in der Produktion von Elektrogeräten benötigt werden, wie Kassiterit (Zinnerz), Coltan (Tantalerz), Wolframit (Wolframerz) und Gold[9]. Diese Schlüsselmineralien sind neben anderen Metallen grundlegende Bausteine der digitalen Infrastruktur.

Um die ausbeuterischen Strukturen im Globalen Süden zu verstehen, genügt es nicht, sich die derzeitigen sozialen Krisen anzusehen. Das, was häufig als Sklaverei des digitalen Zeitalters bezeichnet wird, ist nur möglich, weil die betroffenen Länder eine jahrhundertelange Geschichte von Unterdrückung und Ausbeutung hinter sich haben, und auch Jahrzehnte nach ihrer Unabhängigkeit immer noch durch Bürgerkriege und Korruption tief zerrüttet und politisch instabil sind. Deutlich wird dies am Beispiel der Demokratischen Republik Kongo, die zu den zehn wichtigsten Rohstofflieferanten Deutschlands gehört und zugleich eines der ärmsten Länder der

[9] In englischsprachigen Fachkreisen auch „3TG" genannt: *tin, tantalum, tungsten and gold.*

Welt ist[10]. Der Kleinbergbau, bei dem Bodenschätze von Hand gefördert werden, stellt heute einen bedeutsamen Wirtschaftszweig dar und entzieht sich weitgehend staatlicher Einflussnahme. Trotz der menschenrechtswidrigen Bedingungen in den Minen wie fehlender Schutzausrüstung, gefährlicher Schwerstarbeit, Kinderarbeit und gewalttätiger Übergriffe durch Milizen, die die Minen kontrollieren, treibt die extreme Armut immer wieder Menschen in die Minenschürferei (Johnson 2009: 188 ff.). Durch Rohstoffexporte, Drogenhandel, Raub und Abgaben auf Hilfslieferungen können Kriege auch ohne die direkte Unterstützung anderer Staaten finanziert werden. Der Import von Coltan aus der Demokratischen Republik Kongo steht deshalb scharf in der Kritik, da Unternehmen des Globalen Nordens dadurch indirekt maßgeblich zur Aufrechterhaltung des Kriegszustandes beitragen.

Hardware-Produktion

Die aufbereiteten Metalle werden zum großen Teil nach Ostasien exportiert und dort in Zulieferfabriken weiter zu elektronischen Bauteilen verarbeitet. Die wichtigsten und größten Fabriken stehen in China, Taiwan, Korea und Vietnam, wo meist in Fließbandarbeit Prozessoren, Platinen, Grafikkarten oder Festplatten hergestellt sowie Smartphones, Laptops oder Server zusammengebaut werden. Fast alle dieser Fabriken sind bereits mehrmals international in Kritik geraten wegen der vorherrschenden schlechten Arbeitsbedingungen. Das aus medialer Berichterstattung bekannteste Beispiel ist der taiwanesische Konzern Foxconn, der weltweit größte Hersteller für elektronische Produkte, bei dem unter anderem Apple, Dell, Nintendo, Microsoft, Intel, Amazon und Sony produzieren lassen. Immer wieder wurde von Verstößen gegen Arbeitsschutzgesetze, schlechter Bezahlung, zu vielen Überstunden und fehlendem Gesundheitsschutz berichtet (Biermann 2018). *China Labor Watch* zufolge müssen Angestellte in Hardware-Produktionsfabriken häufig übermäßige und illegale Überstunden leisten, bekommen unterdurchschnittlichen Lohn und keinen Urlaub. Darüber hinaus sind die Arbeiter:innen repetetiven Bewegungen, langem Stehen, Redeverboten, eingeschränkten Toilettenzeiten und unzureichend geschützter Arbeit mit giftigen Dämpfen oder unter hoher Lärmbelastung ausgesetzt, wodurch es zu körperlichen Erkrankungen, Fehlgeburten und Suiziden kommt (China Labor Watch 2016; 2018; 2021). Auch Tagelöhnerei und Verdacht auf Zwangsarbeit wurden wiederholt benannt – hiervon ist insbesondere die

[10] Etwa 70 % der Bevölkerung leben unterhalb der Existenzgrenze; die Demokratische Republik Kongo liegt außerdem auf dem Index der menschlichen Entwicklung, Human development index (HDI), der Vereinten Nationen auf dem letzten Platz (BICC 2012).

muslimische Minderheit der Uyghuren[11] betroffen (Xu et al. 2020; Humen Rights Watch 2021).

3.2.2 Soziale Ungleichheiten

Schlechte Arbeitsbedingungen und ausbeuterische Strukturen sind häufig ein Resultat von Armut und fehlenden Chancen. Neben materiellem Wohlstand besteht soziale Ungleichheit vor allem auch in Dimensionen wie Bildung, Gesundheit und Macht. Strukturelle Diskriminierung trägt daher zum Erhalt sozialer Ungleichheit bei, aber auch politische Korruption, wirtschaftliche Machtmonopole oder instabile Regierungen haben Einfluss.

Nach einer Studie von 2011 nimmt die ungleiche Verteilung des Einkommens weltweit seit den 1970er Jahren zu (Atkinson et al. 2011: 11). Seit den 1990er Jahren nehmen extreme Armut und Kindersterblichkeit kontinuierlich ab (Worldbank 2022; 2023a), was bedeutet, dass die wachsende Ungleichheit nicht auf eine Verschlechterung der Minimalversorgung zurückzuführen ist, sondern auf eine Umverteilung des Vermögens zu Gunsten derer, die bereits viel haben. Ein Bericht der OECD stellt fest, dass der Besitz der extrem Reichen in der selben Zeit stark zugenommen hat (Förster et al. 2014: 67). Die reichsten 10 % der Weltbevölkerung besitzen im Jahr 2022 zusammen 85 % des gesamten Netto-Geldvermögens (Allianz 2023: 5).

Ungleichverteilungen sind kein Phänomen ärmerer Länder, sondern ebenso in Industrienationen zu finden, und ein größerer Indikator für soziale Probleme als das generelle Wohlstandsniveau. Neben dem Einkommen eines Landes spielt also dessen Verteilung auf seine Bevölkerung eine wichtige Rolle. Ein Indikator für Ungleichverteilung ist beispielsweise der Gini-Koeffizient[12]. Auswertungen der Worldbank zeigen, dass der Gini-Koeffizient vor allem in südafrikanischen sowie süd- und mittelamerikanischen Ländern hoch ist, also die Ungleichheit besonders

[11] Seit 2014 hat sich der Druck auf die muslimische Minderheit in China massiv erhöht. Die chinesische Regierung geht mit tiefgreifenden Repressionen gegen Uyghuren in Xinjiang vor und begründet dies mit „innerer Sicherheit". Vor allem seit 2017 häufen sich Berichte über willkürliche Verhaftungen, Umerziehungslager und Zwangsarbeit.

[12] Der Gini-Koeffizient ist ein Maß zur Ungleichverteilung und dient in den Wirtschaftswissenschaften als Kriterium für die Vermögensverteilung – unabhängig vom grundsätzlichen Wohlstand eines Landes. Der Wert des Gini-Koeffizienten liegt zwischen den zwei Polen **0** (= alle Personen besitzen genau gleich viel) und **1** (= eine Person besitzt alles, der Rest nichts). Spitzenreiter mit einer besonders starken Ungleichverteilung ist Südafrika (0,63), auch Staaten wie Brasilien (0,52) oder die USA (0,39) haben verhältnismäßig hohe Werte. Der Koeffizent von Deutschland liegt im mittleren Bereich (0,32), das Schlusslicht bildet die Slowakei (0,24) (Worldbank 2023b).

groß ist (Worldbank 2023b). Das ist vor dem Hintergrund bedeutsam, dass vor allem in Staaten in diesen Gebieten Rohstoffe gefördert oder Produktionsaufgaben ausgelagert werden. Da mit sozialer Ungleichheit nicht nur Armut und schlechte Arbeitsbedingungen, sondern auch Korruption und unzureichende Sozialpolitik einhergehen, ist es für die betroffenen Länder auch ungleich schwerer, sich aus diesen Zwängen zu befreien.

Neben der ungleichen Vermögensverteilung sind Bildungschancen ein bedeutsamer Faktor im Kampf gegen Armut. Ausbildung und Erwerb von Fähigkeiten bestimmen nicht nur Beschäftigung und Einkommen, sondern sind auch wichtig für die eigene Gesundheit und die soziale Teilhabe. Von Ungleichheit sind besonders sozial benachteiligte und finanziell schwächer gestellte Menschen betroffen. Sie werden durch (zu hohe) Kosten für Bildungsangebote benachteiligt, so dass ihre Chancen auf eine eigenständige Verbesserung der Lebensumstände umso geringer sind, je größer die Armut ist (OECD 2015: 18). Die soziale Herkunft ist somit ein größerer Indikator für ein gutes und gesundes Leben als Fleiß oder Fähigkeiten.

Damit sind soziale Ungleichheiten ein optimaler Nährboden für schlechte Arbeitsbedingungen und halten Armutsbetroffene in der Systematik von Ausbeutung und Niedriglohn gefangen. Die Digitalindustrie nutzt diese finanziellen Zwänge über die Minenarbeit, die Hardware-Produktion oder Logistik (zum Beispiel Amazon) aus. Auch die „flexiblen" Aufträge innerhalb der Plattformwirtschaft (siehe Abschnitt 3.3.1), für die es keine Ausbildung oder Festanstellung braucht, sind oft für die gesellschaftlichen Gruppen interessant, die bereits häufiger von Ungleichheit betroffen sind, wie Migrant:innen, Menschen mit chronischen Erkrankungen oder Behinderungen, Menschen mit vielen Kindern, oder Frauen, die nach wie vor die meiste Care-Arbeit leisten. Dadurch ist das soziale Problem der Ungleichheit mit in die sozialen Plattformen eingezogen, prekäre Lebenssituationen, finanzielle Unsicherheiten und schlechte Bezahlung nehmen zu (Groeschel 2022).

Plattformen wie Facebook tragen darüber hinaus selbst aktiv zu einer Aufrechterhaltung von diskriminierenden Strukturen bei, wie eine Studie von AlgorithmWatch zeigt: Durch automatisiertes Targeting werden Inhalte, beispielsweise Stellenangebote, Anzeigen für Immobilien, Versicherungen oder ähnliches, bestimmten Personengruppen abhängig von Geschlecht, Alter oder ethnischer Herkunft deutlich häufiger oder seltener angezeigt. Diese Art der Diskriminierung sei strukturell in solchen algorithmischen Entscheidungssystemen – Algorithmic Decision Making (ADM) – verankert. Die Diskriminierung finde deshalb systematisch statt, was Nutzer:innen oft nicht bewusst sei (Michot et al. 2022: 6).

Rechtspopulismus als Folge von Ungleichheit
Soziale Ungleichheiten können ein Brandbeschleuniger populistischer Bewegungen sein. Der Politologe Jan-Werner Müller definiert Populismus als „... eine ganz bestimmte Politikvorstellung, laut der einem moralisch reinen, homogenen Volk stets unmoralische, korrupte und parasitäre Eliten gegenüberstehen." (Müller 2016: 42). Die Soziologin Karin Priester ergänzt, die soziale Ungleichheit habe unter der Hegemonie des Neoliberalismus zugenommen und die Abkehr sozial Benachteiligter von den linken Parteien habe zu einer Stärkung rechtspopulistischer Parteien und Gruppen geführt (Priester 2017). Deren Merkmal sei, dass sie sich nicht an bestimmte soziale Klassen richteten, sondern an die „Vergessenen", die mit Statusverlust und zivilgesellschaftlichen Missständen – aufgeblähte, aber ineffiziente Bürokratie, Korruption, mangelhafte Infrastruktur – konfrontiert sind. Populismus ließe sich demnach vor allem auch als eine mögliche Reaktion auf die konsequente politische Missachtung sozialen Unfriedens verstehen (ebd.).

Rechtspopulismus umfasst inzwischen immer mehr Länder, in denen er vorher nicht in Erscheinung getreten ist. Populistische Gruppierungen erfahren immer dann Zuwachs, „wenn infolge zu raschen Wandels oder zu großer Verwerfungen bestimmte Bevölkerungsgruppen Wert- und Orientierungsverluste erleiden. Diese Verluste gehen mit Statusangst, Zukunftsunsicherheit und politischen Entfremdungsgefühlen einher." (Decker & Lewandowsky 2017). Auch der Klimawandel und die daraus resultierenden Migrationsbewegungen geben rechtspopulistischen Strömungen neues Futter – siehe hierzu das Phänomen der *Avocado politics*, beschrieben in Abschnitt 1.2.

Die Digitalindustrie trägt insofern ihren Teil zu dieser sozialen Krise bei, als dass auch sie die ungleiche Verteilung von Geld und Macht auf wenige Privilegierte fördert, ausbeuterische Strukturen, Postkolonialismus und soziale Unruhen bis hin zu Kriegszuständen für sich ausnutzt, statt ihre globale Macht zum Abbau dieser Missstände einzusetzen. Neben den Arbeitsbedingungen in der Produktion oder aber im Betrieb von Plattformen (Abschnitt 3.3.1) fördern auch Meinungsmultiplikatoren wie Echokammer- und Filterblaseneffekte (Abschnitt 3.2.3) die soziale Ungleichheit.

3.2.3 Hate speech, fake news & rabbit holes

Die Transformation der Kommunikation seit etwa dem Jahrtausendwechsel zieht auch einen kulturellen Wandel nach sich. Felix Stalder spricht von einer „Kultur der Digitalität" und nennt in diesem Zusammenhang Referentialität, Gemeinschaftlichkeit und Algorithmizität als „formale Eigenheiten, die [...] dieser kulturellen

Umwelt als Ganze [sic] ihre spezifische Gestalt verleihen" (Stalder 2019: 95). Durch diese kulturelle Veränderung würden Menschen vor allem in westlichen Gesellschaften „ihre Identität immer weniger über die Familie, den Arbeitsplatz oder andere stabile Kollektive definieren, sondern zunehmend über ihre persönlichen sozialen Netzwerke, also über die gemeinschaftlichen Formationen, in denen sie als Einzelne aktiv sind und in denen sie als singuläre Personen wahrgenommen werden." (Stalder 2019: 144).

Ein wesentlicher Aspekt dieser neuen Kultur besteht in einer andauernden Informationsflut. Doch nicht nur die Menge der Informationen ansich ist ein kritischer Punkt, auch ihre Wahrnehmung und Interpretation, die durch selektive Prozesse beeinflusst werden. Angelehnt an Messingschlager und Holtz lassen sich folgende Einflussfaktoren unterscheiden (Messingschlager & Holtz 2020: 92 f.):

- **Netzwerk-Selektion**
  Soziale Medien beschränken schon durch ihre Funktionsweise die Auswahl an Informationen, mit denen Nutzer:innen konfrontiert werden. Die Timeline bei Facebook zeigt vor allem Inhalte, die befreundete Nutzer:innen gepostet haben, Microbloggingdienste wie X (ehemals Twitter) oder Mastodon leben vom Prinzip des Following, wodurch Menschen auch ohne virtuelles Anfreunden vom Inhalt anderer – beispielsweise Journalist:innen oder Nachrichtenportalen – profitieren. Die ForYou-Page bei TikTok setzt sich im Vergleich dazu mehr aus zufälligen oder erfolgreichen Inhalten zusammen, die nicht zwingend auf großer Reichweite beruhen.
- **Technische Selektion**
  2011 beschrieb Eli Pariser das Phänomen der Filterblase, eines personalisierten Informationsraums als Ergebnis algorithmischer Vorsortierung, der dazu führt, dass Social-Media-Nutzer:innen von Informationen isoliert werden, die nicht ihrem eigenen Standpunkt entsprechen (Pariser 2011: 5, 9, 106, 207 ff.). Über die tatsächliche Effektstärke von algorithmischer Selektion allein auf die Wahrnehmung wird in den Medienwissenschaften allerdings diskutiert (Seemann & Kreil 2017, 10; Zuiderveen Borgesius et al. 2016: 10).
- **Individuelle Selektion**
  Zuletzt findet noch die (möglicherweise unbewusste) Selektion durch Nutzer:innen selbst statt. Cass Sunstein erklärt die Neigung, sich mit möglichst ähnlichen und ähnlich denkenden Menschen zu umgeben (*Homophilie*), als eine Ursache für die Bildung von Echokammern, also Meinungs- oder Bestätigungsblasen, die nicht technischer, sondern menschlicher Natur sind (Sunstein 2017: 117 ff.). Auch Seemann und Kreil beschreiben informative Selektion in

Netzwerken als Folge des menschlichen Bedürfnisses zur Gruppenbildung (Seemann & Kreil 2017, 15 f.).

Diese Selektionsfaktoren digitaler Kommunikationsplattformen können den Blickwinkel der Nutzer:innen einengen und die subjektive Lebensrealität mitunter deutlich von der Wirklichkeit verschieben. Christian Montag beschreibt den Vorteil einer erhöhten Basisrate[13] am Beispiel seltener Hobbies oder mit Stigma behafteten Erkrankungen: Betroffene profitieren von den Möglichkeiten der Gruppenbildung und eines Austauschs, weil eine allmähliche Normalisierung eintritt (Montag 2018: 32 ff.). Vom gleichen Effekt profitieren jedoch auch politisch radikale Gruppen, was Extremismus in der öffentlichen Wahrnehmung normalisiert. Eine Personalisierung von Inhalten ist demnach für die Nutzer:innen zwar praktisch, weil sie Gleichgesinnte zusammenführt und uninteressante Themen außen vor bleiben, aber auch potenziell gefährlich, weil sie die eigene Wahrnehmung der Welt beeinflussen und die Anfälligkeit für Manipulation erhöhen kann. Hinzu kommen unterschiedliche kognitive Verzerrungen, beispielsweise die Neigung, Informationen mehr Glauben zu schenken, wenn diese die eigenen Überzeugungen bestätigen: Der Bewertungsfehler (*consistency bias*) führt dazu, dass zum Weltbild passende Informationen höher gewertet werden als gegensätzliche, der Bestätigungsfehler (*confirmation bias*) führt dazu, dass Quellen für gegensätzliche Informationen gemieden werden, da sie eine kognitive Dissonanz – die Information stellt das eigene Weltbild in Frage – auslösen.

Dieses Phänomen verzerrter Realität wird im Kontext sozialer Gruppen auch als *tribal epistemology* (dt. etwa: „Stammeserkenntnistheorie") bezeichnet: „Informationen werden nicht auf der Grundlage ihrer Konformität mit gemeinsamen Beweisstandards oder ihrer Übereinstimmung mit einem gemeinsamen Verständnis der Welt bewertet, sondern danach, ob sie die Werte und Ziele der Gruppe unterstützen und von Gruppenanführern befürwortet werden." (Roberts 2017; Übersetzung durch die Autorin)[14].

Hassrede und Gewalt

Hassrede bzw. *hate speech* bezeichnet den sprachlichen Ausdruck von Hass gegen Personen oder Gruppen, vor allem durch die Verwendung von pejorativen, also herabsetzenden und abfälligen Ausdrücken (Meibauer 2013: 1). Im Zusammenhang mit

---

[13] Der Begriff „Basisrate" bezeichnet die Häufigkeit eines bestimmten Merkmals in einer Bevölkerungsgruppe oder untersuchten Stichprobe.

[14] Siehe hierzu auch: Ariina, H. F. (2019): Tribal Philosophy: An Epistemological Understanding on Tribal Worldview.

digitalen Kommunikationsplattformen sind speziell Hasskommentare und -postings gemeint. Diese können sich in verschiedenen Formen zeigen:

- Ethnophaulismen[15]/Rassismus,
- Verunglimpfung oder Beschimpfung von Minderheiten oder Gruppen mit bestimmten Merkmalen,
- sexistische Beleidigungen,
- Volksverhetzung und Leugnung von Völkermorden oder
- persönlich gerichtete Beleidigungen oder Bedrohungen.

Eine seit 2016 regelmäßig durchgeführte repräsentative forsa-Umfrage zur Wahrnehmung von Hassrede im Netz zeigt in der aktuellen Studie, dass drei Viertel aller Befragten schon mit Hassrede in Berührung gekommen sind, insbesondere die jüngeren Altersgruppen. Knapp 40 % der 14- bis 24-Jährigen, die schon Hasskommentare wahrgenommen haben, geben außerdem an, selbst schon einmal von Hassrede betroffen gewesen zu sein (Landesanstalt für Medien NRW 2023: 5). Erfahrungen wie diese führen vor allem bei jungen Nutzer:innen zu einer verringerten Partizipation in öffentlichen digitalen Räumen und einer Verlagerung der Aktivitäten in leichter kontrollierbare Kommunikationsräume wie Messenger, Chatgruppen oder private Profile in Netzwerken (DIVSI 2018: 105 f.). Laut Zahlen des Bundeskriminalamts sind bei Hate Speech auf digitalen Plattformen 77 % der Postings dem rechtsextremen Spektrum zuzuordnen, 9 % sind linksextrem und die verbleibenden 14 % sind ausländischen oder religiösen Ideologien oder keiner politischen Motivation zuordenbar (BKA 2019: 2).

Karl Marker beschreibt verschiedene Umgangsformen mit Hassrede: So wird einerseits das Argument eines unvermeidlichen „Märtyrereffekts“ im Falle von Zensur angeführt (Marker 2013: 75 ff.), andererseits das Argument, dass Hassrede als abschreckendes Beispiel fungiere und durch die Konfrontation das Bewusstsein für die Notwendigkeit von Toleranz und Gleichheit stärke (Marker 2013: 78 ff.). Beide Ansichten seien insofern unvollständig, als dass eine viel größere Rolle spiele, ob „eine breite Mehrheit der Gesellschaft antirassistische Einstellungen und Werte bereits hinreichend stark verinnerlicht hat“ (ebd.). Dies darf einerseits angesichts der guten Wahlergebnisse rechter Parteien seit den 2010er Jahren angezweifelt werden, andererseits greifen auch hier Selektionsphänomene ein, denn wenn sich die empfundene Basisrate bestimmter (beispielsweise rassistischer) Kommentare erhöht, findet diesbezüglich eine Normalisierung statt (Montag 2018: 32 ff.).

[15] Ethnophaulismen oder *ethnic slur terms* sind abwertende Bezeichnungen für eine ethnische Gruppe.

Eines der bekanntesten Beispiele für die mitunter dramatischen Auswirkungen unregulierter Hasspostings in sozialen Medien ist die Rolle von Facebook beim Völkermord an den Rohingya[16] in Myanmar. Die Rohingya gelten als die am meisten verfolgte ethnische Minderheit der Welt, sie haben kein Wahlrecht, kaum Zugang zu Bildung oder Arbeit und wurden immer wieder Opfer progromartiger Angriffe (Hoang 2012). 2017 eskalierten die lange bestehenden Spannungen in einem gewaltvollen Ausmaß; bei militärischen Überfällen wurden tausende Rohingya getötet und eine Million Menschen mussten ins benachbarte Bangladesch fliehen – die Vereinten Nationen stuften die Geschehnisse als ethnische Säuberungen und Völkermord ein (Spiegel 2020). Dem Genozid waren jahrelang rassistischer Hass, Hetze und Gewaltaufrufe auf Facebook vorausgegangen, denen kaum etwas entgegengesetzt worden war.

Besonders brisant ist in diesem Zusammenhang, dass Facebook in Myanmar auf Grund von *Zero Rating* eine vollständig marktbeherrschende Position innehat[17]. Dadurch ist das soziale Netzwerk mehr oder weniger gleichbedeutend mit dem Internet und stellt für viele Menschen die einzige Informationsquelle dar (Kreye 2021). Vertreter der Rohingya kritisieren die fehlende Übernahme von Verantwortung und reichten 2021 Klage gegen Facebook wegen Mitschuld am Völkermord ein. Immer wieder heißt es, dass Facebook von den Zuspitzungen der Hasspostings und der gefährlichen Multiplikatorwirkung durch den Algorithmus gewusst und dennoch nicht eingegriffen habe (Herbstreuth 2021; Amnesty International 2022).

Ähnliche Strukturen sind auch in Äthiopien zu beobachten, wo seit 2020 Bürgerkrieg herrscht und Facebook von Milizen genutzt wird, um Aufrufe zur Gewalt zu verbreiten. Dadurch kam es in der Folge zu weiteren ethnischen Gewaltausschreitungen sowie zahlreichen Kriegsverbrechen (Amnesty International 2022; Mackintosh 2021). Die Veröffentlichung der „facebook papers" zeigten, dass Facebook die Inhalte mit Hass und Hetze kaum moderiere, zum Teil auch, weil die Plattform schlichtweg einige Landessprachen nicht berücksichtige (Mackintosh 2021).

---

[16] Die Rohingya sind eine Gruppe sunnitischer Muslime im hauptsächlich buddhistischen Myanmar, die vom Staat nicht als Teil der Bevölkerung anerkannt werden und keine Staatsrechte besitzen.

[17] *Zero Rating* ist eine Methode von Mobilfunkbetreibern, Nutzer:innen bestimmte Dienste, mit deren Anbietern vertragliche Vereinbarungen bestehen, kostenfrei anzubieten. Die Praxis gilt als Gefahr für die Netzneutralität, da die Nutzer:innen dadurch immer nur auf eine bestimmte App – zum Beispiel Facebook – zurückgreifen, da sie die Inhalte darüber kostenfrei nutzen können.

Desinformation

Neben Hasspostings ist auch die Verbreitung von Falschinformationen ein gesellschaftliches Problem, das sich durch soziale Medien verstärkt hat. Dies kann von einzelnen, leicht enttarnbaren Diffamierungsversuchen einer Person bis zu groß angelegten Desinformationskampagnen reichen. Falschinformationen können in verschiedenen Formen auftreten, darunter gefälschte Nachrichtenberichte, manipulierte Bilder und Videos, erfundene Geschichten oder unbelegte Behauptungen. Charakteristisch ist die Darstellung von Ereignissen in Form journalistischer Beiträge, wobei der Aussagegehalt falsch ist oder zumindest etwas anderes suggeriert (Appel & Doser 2020: 10 f.). Falschinformationen umfassen nicht nur Texte, sondern auch Bildmanipulationen. Hierbei wird zwischen Materialfälschungen – einem bewusst verändernden Eingriff in das bestehende Original, oft mit Hilfe von Software – und Kontextfälschungen – räumlich, zeitlich oder semantisch fehlerhafte Einordnung, beispielsweise durch einen kontextverändernden Bildausschnitt oder eine irreführende Überschrift – unterschieden (Stein et al. 2020: 180 ff.). Desinformationskampagnen können in der digitalen Ära erhebliche Auswirkung auf die politische Landschaft haben. Sie können zu gesellschaftlichen Verwerfungen beitragen, das Vertrauen in demokratische Institutionen untergraben und zu gewalttätigen Eskalationen führen.

Eines der bekanntesten Beispiele für die potenziellen Auswirkungen von verbreiteten Desinformationen über soziale Medien sind die Tweets von Donald Trump. Während seiner ersten Amtszeit nutzte der US-Präsident insbesondere Twitter, um Falschinformationen zu verbreiten und politische Gegner sowie unabhängige Nachrichtenorganisationen zu diskreditieren. Die Ergebnisse der Präsidentschaftswahl 2020 zweifelte er öffentlich an, indem er Behauptungen über weitverbreiteten Wahlbetrug aufstellte, die von Gerichten und Wahlbeamten im Nachheinein widerlegt wurden. Die Konsequenz und der Erfolg dieser Desinformationskampagne zeigte sich am 6. Januar 2021, als hunderte gewalttätige Anhänger:innen Trumps das Kapitol in Washington D.C. stürmten und versuchten, die Bestätigung der Wahlergebnisse im Kongress zu verhindern.

Der Begriff „fake news", der sich in diesem Zusammenhang verbreitet hat, ist doppeldeutig: Einerseits sind bewusst irreführende Meldungen im Stile echter Nachrichten gemeint, andererseits etablierte sich der Begriff als Diffamierung von unliebsamer Berichterstattung, vergleichbar mit dem deutschen Begriff „Lügenpresse". Mit letzterer Begriffsnutzung ist auch der Hostile-Media-Effekt verknüpft (Holtz & Kimmerle 2020: 22), der mit einem großen Misstrauen in die Berichterstattung durch Massenmedien einhergeht. Er beschreibt, dass Anhänger:innen einer bestimmten Position bei einem Thema dazu neigen, mediale Berichterstattung dazu als unfair und unausgewogen zu empfinden, auch wenn die Mehrheit der Rezipient:innen diese als seriös und angemessen einschätzt[18].

An Desinformationsstrategien und einer schwerer einschätzbaren Vertrauenswürdigkeit von Nachrichtenquellen haben auch zunehmend Social Bots einen Anteil. Das sind Programme, die eigenständig in sozialen Medien Nutzerprofile inklusive Namen und Bilder anlegen und automatisiert mit Inhalten interagieren, also Postings liken, teilen oder kommentieren (Neis & Mara 2020: 191). Social Bots sind aufgrund ihrer Masse und ihrer Ähnlichkeit zu menschlichen Profilen längst kein Randphänomen mehr. Durch diesen hochautomatisierten Kommunikationsprozess kann letztlich ein verzerrtes Bild von gesellschaftlicher Meinung und Mehrheit entstehen: Eine Analyse der „Brexit"-bezogenen Hashtags auf Twitter ergab, dass weniger als 1 % der beteiligten Accounts für rund ein Drittel der Tweets mit entsprechenden Hashtags verantwortlich waren – der größte Teil dieser analysierten Tweets äußerten sich „pro brexit" (Howard & Kollanyi 2016: 4). Wie viel Einfluss die Social Bots damit tatsächlich auf unentschlossene Wähler:innen hatten, lässt sich vermutlich nur schwer ermitteln.

Rabbit Holes

Das „Kaninchenbau-Phänomen", eine Anspielung auf Carrolls Geschichte von *Alice im Wunderland*, beschreibt den drohenden Verlust oder die Verzerrung von Realität und Wahrheit, wenn Menschen sich in bestimmte Themen „hineingraben". Mit diesem Phänomen werden insbesondere Plattformen wie YouTube und Instagram in Verbindung gebracht, die sich in ihrem Design durch eine einfache und bequeme Möglichkeit auszeichnen, sich von einem Thema zum nächsten „treiben lassen" zu können. Die Empfehlungsalgorithmen hinter den Plattformen orientieren sich an bereits konsumierten Inhalten, an bisherigen Interaktionen (Likes, Teilen, Abonnements) und an Videos, die Nutzer:innen mit einem ähnlichen Profil angesehen haben. Vorgeschlagen werden also Inhalte, die mit einer hohen Wahrscheinlichkeit als besonders interessant empfunden werden oder mit denen die Rezipient:innen mit einer hohen Wahrscheinlichkeit interagieren werden.

Solche „Empfehlungsketten" mögen harmlos oder sogar praktisch sein, wenn Nutzer:innen sich zu einem neuen Hobby informieren wollen und vermehrt mit Inhalten zu dem neuen Interesse in Berührung kommen. Doch wenn der Konsum von Diät- oder Fitness-Videos zu Themen wie Aufputschmitteln und Essstörungen leitet, oder Inhalte, die sich mit Depressionen beschäftigen, zu Inhalten über

[18] Beispiel: Die PEGIDA-Bewegung, die selbst unpolitische und neutrale Berichterstattung über Migration und Flucht als „Lügenpresse" bezeichnet und den Medien eine „verharmlosende" Berichterstattung vorwirft (Holtz & Kimmerle 2020: 22)

Selbstverletzungen oder Suizid führen, können die Auswirkungen mitunter gravierend sein. Sogenannter „harmful content“ führt gerade bei jungen Menschen zu psychischen Problemen (Picardo et al. 2020: 13). Auch das hohe Ranking besonders populärer oder beliebter Videos ist im Kontext der ständig stattfindenden sozialen Vergleiche nicht immer die beste „Empfehlung“: Der Theorie der sozialen Vergleiche nach Leon Festinger zufolge sind Minderwertigkeitsgefühle und ein verringertes Selbstwertgefühl eine häufige Folge permanenter Aufwärtsvergleiche (Festinger 1954: 135). Demnach kann sogar bereits das Design der Plattform, dass Nutzer:innen zum unaufhörlichen Verbleib und Dauerkonsum animiert, dafür sorgen, dass durch die intensive Beschäftigung mit Themen und durch Bildfilter optimierte Inhalte ernste Folgen auftreten. Der Facebook-Whistleblowerin Frances Haugen zufolge sei dem Unternehmen diese Auswirkung der gerade bei jüngeren Frauen beliebten Plattform Instagram vollumfänglich bewusst, doch es werde nichts oder nur wenig dagegen unternommen, da ein langer Verbleib der Nutzer:innen auf der Seite oberstes Geschäftsziel sei (Wells et al. 2021).

Ähnliche Effekte lassen sich bei YouTube im Hinblick auf rechtspopulistische Inhalte und Verschwörungstheorien[19] feststellen. Verschwörungstheorien zeichnen sich durch eine Überzeugung aus, die „die eigentliche Ursache für ein Ereignis oder ein Phänomen auf die Intrigen mehrerer mächtiger Akteure zurückführt“ (Appel & Mehretab 2020: 118). Sie sind nicht grundsätzlich einem extremen politischen Spektrum zuzuordnen[20], gehen jedoch häufig mit rechtsextremen und vor allem mit antisemitischen Narrativen einher[21] (Appel & Mehretab 2020: 119 ff.). In einer Stichprobe der am häufigsten empfohlenen Videos, die der *Guardian* untersuchte, zeigte sich, dass YouTube mit einer sechsmal höheren Wahrscheinlichkeit Videos empfahl, die Trump unterstützten, als dessen Gegner (Lewis 2018). Zur Verteidigung wird angeführt, dass der Algorithmus der Plattform nicht „populistisch programmiert“ sei, sondern dies die Inhalte seien, die die Nutzer:innen sehen wollten. Doch die Inhalte, die auf diese Weise nachgefragt und häufiger angeboten werden, werden

---

[19] Der Begriff „Verschwörungstheorie“ wird im wissenschaftlichen Diskurs teilweise kritisch betrachtet, da Theorien eine Argumentierbarkeit und Widerlegbarkeit implizieren, die bei Verschwörungstheorien jedoch typischerweise vollständig ausgeblendet wird.

[20] Beispiele für verbreitete unpolitische Verschwörungsmythen sind der Glaube, dass die Mondlandungen nie stattgefunden hätten, die Erde eine Scheibe sei oder Kondensstreifen von Flugzeugen („Chemtrails“) den Planeten für Außerirdische bewohnbar machen.

[21] Beispiele für antisemitische Verschwörungstheorien sind der Mythos der Brunnenvergiftung durch Juden im Zusammenhang mit der Pestepidemie im 14. Jahrhundert oder die Dolchstoßlegende, nach der Juden, Sozialdemokraten und Kommunisten die Reichswehr im ersten Weltkrieg sabotiert hätten. Auch die Erzählung, dass Kinder gefoltert und getötet werden, um das in ihren Körpern befindliche Adrenochrom zu gewinnen, geht auf antisemitische Ritualmordlegenden zurück.

für die nächsten Nutzer:innen zur neuen Normalität. Die Soziologin Zeynep Tufekci beschreibt das Problem als „Autopilot-Cafeteria": Ein automatisches Ausgabesystem, das herausgefunden hat, dass Kinder ungesundes Essen bevorzugen, würde, sobald der Teller leer ist, immer noch mehr Chips und Süßigkeiten vorschlagen (ebd.).

Auch wenn YouTube selbst keine „rechtsextreme Plattform" ist, ist der Erfolg rechtsextremer Content-Ersteller:innen stark mit YouTube als Plattform verbunden (Rauchfleisch & Kaiser 2021: 22). Das Risiko, mit solchen Inhalten auch ungewollt konfrontiert zu werden, ist hoch: In einer deutschen Befragung gaben 40% der Jugendlichen an, kürzlich im Netz mit extremen politischen Ansichten, Verschwörungstheorien oder Hassbotschaften in Berührung gekommen zu sein. Das ist besonders problematisch, wenn die gefährdenden Inhalte auf Plattformen zu finden sind, die junge Menschen hauptsächlich nutzen. Befragungen, die 2022 im Rahmen des *Reuters Institute Digital News Report* durchgeführt wurden, ergaben, dass die Hauptnachrichtenquelle junger Menschen zwischen 18 und 24 Jahren soziale Medien sind (39 %, zweithäufigste Quelle Nachrichtenmagazine mit 12 %) (Hölig et al. 2022: 5).

3.3 Ökonomische Faktoren

Der Erfolg von BigTech dürfte neben einem Anfangsvorteil durch den Matthäus-Effekt[22] auch auf ihren Galionsfiguren und auf dem Narrativ idealistischer Garagen-Tüftler aufbauen. In einem Interview mit dem Deutschlandfunk stellt der Literaturwissenschaftler Adrian Daub die Vermutung auf, der Erfolg des Silicon Valley sei ein Artefakt der Legitimitätskrise 2008, in der viele Wirtschaftszweige zusammengebrochen waren, die junge digitale Industrie jedoch verschont blieb. Dies führt er unter anderem auf die Erfüllung idealistischer Sehnsüchte zurück: „Die Finanzmärkte hatten sich komplett als Kaiser ohne Kleider herausgestellt. Da musste irgendjemand her, der […] das Traumpotenzial des Kapitalismus noch erfüllen konnte. Und da bot sich natürlich ein Campus an der schönen Bay von San Francisco mit lauter Kapuzenpulli tragenden 23-Jährigen auf Rollern irgendwie an." (Linß 2021).

Big Tech hat die Erdölindustrie als wertvollste Branche bereits vor einigen Jahren abgelöst. Die Vermögen der großen Tech-Gründer Mark Zuckerberg, Elon Musk,

[22] Der Matthäus-Effekt ist eine soziologische These über Erfolg, die besagt: Frühere Leistungen können größeren Einfluss auf aktuelle Erfolge gehabt haben als gegenwärtige Leistungen. Dieser Effekt kann beispielsweise erklären, warum kleine Anfangsvorteile zu großen Vorsprüngen heranwachsen können und so ein extrem geringer Teil aller Akteure den größten Teil der Erfolge auf sich vereinen kann.

Bill Gates und Jeff Bezos entspricht in reinen Zahlen dem Bruttoinlandsprodukt ganzer Staaten. Das und die disruptiven Geschäftsmodelle verhelfen ihren Unternehmen zu einer Quasimonopolstellung, durch die Konsument:innen und sogar Behörden weltweit an ihre Produkte gebunden werden und von ihnen abhängig sind. Unternehmen sind auf Social-Media-Marketing auf proprietären[23] Plattformen immer stärker angewiesen und Organisationen[24], die – aus politischer Überzeugung – ausschließlich in dezentralen Open-Source-Netzwerken posten, büßen Sichtbarkeit ein.

Einer der entscheidendsten systemerhaltenden Faktoren sind Netzwerkeffekte: Je mehr Menschen eine bestimmte Netzwerktechnologie – Verkehrsnetze, Stromnetze, Telefonnetze, Funknetze, aber auch soziale Medien als Kommunikationsnetzwerke – bereits nutzen, desto günstiger, effizienter, nützlicher oder attraktiver wird die Nutzung insgesamt und desto mehr Menschen entscheiden sich für das Netzwerk. Der Effekt ist besonders bei Instant Messengern zu beobachten: WhatsApp ist in Europa nach wie vor der am meisten genutzte Messenger, obwohl er als Produkt eines US-Konzerns nicht den europäischen Datenschutzbestimmungen unterliegt (siehe Kapitel 4). Die ARD/ZDF-Onlinestudie von 2022 zeigt, dass in Deutschland 82 % der Befragten mindestens wöchentlich WhatsApp nutzen, Telegram liegt bei 13 %, Signal bei 11 % und Threema bei 6 % (Koch 2022: 476 ff.). Netzwerkeffekte erschweren Nutzer:innen bei Unzufriedenheit auch einen Wechsel zu einem anderen Messenger, weil der wichtigste Faktor – die verbundenen Kontakte – durch die Entscheidung eingebüßt werden könnten. Dieser zu zahlende „soziale Preis" gehört zu den *high switching costs*. Netzwerkeffekte stabilisieren demnach die aus vielfältigen Gründen bestehenden Machtstrukturen von digitaler Kommunikation.

3.3.1 Plattformwirtschaft

Problematische und prekäre Arbeitsverhältnisse enden nicht bei der fertigen Hardware. Die Plattformen, die auf dieser Infrastruktur laufen, werden von Technologie-Unternehmen betrieben, die in erster Linie wirtschaftlichen Interessen folgen und beispielsweise Prozesse an Niedriglohnkräfte auslagern oder selbst als Marktplatz für Dienstleistungen fungieren und aus der Vermittlung Profit ziehen.. Die wachsende weltweite Vernetzung ändert nicht nur die Art der Produktion, sondern schafft

[23] Proprietär bedeutet „in Eigentum befindlich" (vgl. „property") Der Begriff wird für Soft- und Hardware verwendet, die auf nicht veröffentlichten Verfahren basiert.

[24] Selbst die Klimabewegung *Fridays for Future* vernetzt sich vorrangig über Instagram und WhatsApp - siehe Webseite: https://fridaysforfuture.de/regionalgruppen (Stand Juli 2024)

selbst neue Produkte und Dienstleistungen, für die gesetzliche Regulierungsmaßnahmen nicht hinterherkommen.

Der Blogger Sascha Lobo erklärt den Begriff des Plattformkapitalismus und wie dieser die Grenze zwischen professionellem Angebot und amateurhaftem Gelegenheitsangebot auflöst: „Plattform-Kapitalismus verändert den Arbeitsbegriff, die Grauzone zwischen privater Hilfe und Schwarzarbeit, das Verständnis und die Regelung von Monopolen." (Lobo 2014).

Clickworking

Clickworking bezeichnet eine Sonderform des Crowdsourcing, also des Auslagerns unternehmerischer Teilaufgaben an Freiwillige ohne festes Arbeitsverhältnis. Beim Crowdsourcing kann es sich grundsätzlich durchaus um anspruchsvollere Aufgaben wie Grafikdesign oder Webentwicklung handeln, Clickwork hingegen beinhaltet meist simple und kleinteilige Tätigkeiten wie KI-Training, Bildbeschreibungen, Übersetzungen, Überprüfen von hochgeladenem Bildmaterial. Sie werden als Mikrojobs mit geringen Cent-Beträgen vergütet, so dass eine sehr hohe Auftragszahl erreicht werden muss, um nennenswerte Stundenverdienste – weit unter Mindestlohn – zu generieren. Arbeitsschutzgesetze, Sozialabgaben oder Arbeitnehmerrechte greifen nicht, da Clickworker wie Selbstständige behandelt werden. Die Risiken eines Ausfalls bei Krankheit und Schwangerschaft oder von ausbleibender Vergütung durch Auftraggeber:innen tragen die Clickworker selbst. Vermittelt werden die Mikrojobs über Plattformen wie M-Turk (Amazon Mechanical Turk), upwork, Crowdflower oder in Deutschland MyLittleJob.

In Europa nimmt die Zahl der Menschen, die diese Art der Beschäftigung annehmen, stetig zu (Urzì-Brancati et al. 2020: 17), in einigen Ländern stellt Clickwork für mehr als 2 % der Bürger:innen sogar die wichtigste Einnahmequelle dar (ebd.). Diese Menschen sind im Vergleich zur restlichen Bevölkerung durchschnittlich jünger, haben mehr Kinder und häufiger einen Migrationshintergrund (Urzì-Brancati et al. 2020: 21–25). Für Deutschland ermittelte der *Crowdworking Monitor* 2018 einen Anteil von rund 5 % mehr oder weniger aktiven Clickworkern, rund ein Drittel von ihnen investieren mehr als 30 Stunden pro Woche, wobei im Bereich Mikrojobs überdurchschnittlich häufig junge Menschen mit geringem oder gar keinem Schulabschluss zu finden sind (Serfling 2018: 2). Der Deutsche Gewerkschaftsbund DGB bezeichnet diese Jobs in seinem Positionspapier als „digitalen Schattenarbeitsmarkt" und fordert die Durchsetzung von Arbeitnehmerrechten und Arbeitsschutz, höherer Bezahlung und Kündigungsfristen, mehr Transparenz und Schutz vor Willkür (DGB 2021: 1 f.).

Hinsichtlich der Sozialversicherungsabgaben und Altersvorsorge merkt Enzo Weber an: „Die Herausforderung liegt darin, dass man es mit einem teils international integrierten, extrem flexiblen Markt mit einer Vielzahl von Kleinstjobs und ständig wechselnden Vertragspartnern zu tun hat. Die digitale Plattformökonomie stellt die soziale Sicherung also vor Probleme." (Weber 2020: 37) „Ohne eine soziale Sicherung werden prekäre Situationen [...] noch verschärft, individuelle berufliche Zukunftsinvestitionen erschwert und die Löhne in einem unregulierten Markt auf ein nicht nachhaltiges Niveau gedrückt. Auch bestehen Fehlanreize, Jobs auf Plattformen zu verlagern, um über Scheinselbständigkeit Sozialversicherungskosten zu sparen." (Weber 2020: 40)

Gig economy

Ähnliche Effekte treten im Bereich der Gig Economy auf, einem ebenfalls plattformgesteuerten Arbeitsmarkt, auf dem Aufträge an Freelancer oder geringfügig Beschäftigte vermittelt werden. Clickwork und Gig Economy sind nah verwandt, der Unterschied besteht darin, dass Clickwork meist vollständig online stattfindet, während Gig Work lediglich online vermittelt wird – vergleichbar mit Arbeit auf Provisionsbasis. Dabei handelt es sich um Aufträge im Bereich Personenbeförderung (Uber), Unterkünfte (Airbnb), Lieferdienste (Deliveroo, Foodora, Uber Eats), Handwerksleistungen (MyHammer) oder Putzjobs (Taskrabbit). Typischerweise stellen Gig Worker nicht nur ihre Arbeitskraft, sondern auch private Infrastruktur wie Auto oder Fahrrad, Smartphone und Werkzeug zur Verfügung. Sie gelten als Solo-Selbstständige, haben kein Recht auf Urlaub oder Lohnfortzahlung, es gibt kein festes Arbeitsverhältnis und keine Einzahlung in Sozialversicherung und Rentenkasse. Von den üblichen Freiheiten einer Selbstständigkeit profitieren die Gig Worker allerdings nicht, da sie nur für bestimmte Plattformen arbeiten, von denen sie – oft über eine App – kontrolliert und bei Nichterreichen der Auftragsziele sanktioniert werden: Dienste wie Uber geben ihren Fahrer:innen beispielsweise nicht die Möglichkeit, Fahrgäste abzulehnen. Fällt ihre Bewertung dann unter einen bestimmten Wert, werden sie gesperrt (Staab 2020: 238 f., 251 f.).

Colin Crouch erklärt, dass das Problem dieser neuen prekären Arbeitsverhältnisse keineswegs marginal ist: Die zunehmende Deregulierung des Arbeitsmarktes werde auch politisch teilweise befürwortet: „Viele neoliberale Politiker halten plattformvermittelte Jobs für die ideale Beschäftigungsform, die die überkommenen Anstellungsverhältnisse mit ihrer kostentreibenden Unbeweglichkeit in naher Zukunft ablösen könne." (Crouch 2019: 11) Plattformarbeit ist ein globales Phänomen, häufiger jedoch in ärmeren Regionen mit schlechten Arbeitsaussichten zu beobachten. Dadurch wird auch das Problem der sozialen Ungleichheit (3.2.2) durch Plattformen unterfüttert. Den Plattformen ist es durch ihre Macht und Marktbeherrschung zunehmend möglich, Menschen in finanziellen Abhängigkeitsverhältnissen zu halten und zusätzlich auch Branchenstandards zu setzen und zu kontrollieren.

3.3.2 Veränderte Konsummuster & Rebound-Effekte

Im Zusammenhang mit Kommunikationstechnologien wird häufig von einem Einsparungspotenzial gesprochen. Beispiele hierfür sind Videokonferenzen statt Flugreisen, smarte Heizungssteuerungen oder das papierlose Büro. Diesen Trends wird gern eine besondere Klimafreundlichkeit zugesprochen, doch sie führen auch zu einer höheren Nutzung und sogar Nachfragesteigerung von Kommunikationstechnologien (de Haan et al. 2015: 65 f.). Eine gesteigerte Nutzung von Gütern kann die Vorteile durch die Digitalisierung bestimmter Prozesse wiederum zunichte machen. Dieses Phänomen wird in der Energieökonomie *Rebound-Effekt* genannt. Es beschreibt, dass Einsparpotenziale durch Effizienzsteigerung oft durch sich selbst verzehrt werden. Das kann auf zwei Arten erfolgen:

- **Direkt:** Wenn die Kosten für ein Produkt sinken, wird es häufiger gekauft, intensiver genutzt oder leichtfertiger ersetzt.
- **Indirekt:** Wenn die Kosten für ein Produkt sinken, wird das gesparte Geld anderweitig ausgegeben, es gibt demnach zusätzlichen Konsum von Gütern, die ihrerseits Ressourcen und Energie kosten.

Auf Smartphones und Computern, die zunehmend energieeffizienter werden, können auch mehr energieintensive Apps ausgeführt werden. Steffen Lange und Tilman Santarius setzen das *Mooresche Gesetz*, das besagt, dass sich die Rechenkapazität von Prozessoren circa alle 18 Monate verdoppelt, mit dem *Koomey'schen Gesetz* in Relation, das beschreibt, dass sich die Energieintensität pro Rechenleistung circa alle 18 Monate halbiert[25]. Der Entwicklung energieeffizienterer Hardware als Lösung für das Stromproblem steht demnach die Entwicklung der Leistungsfähigkeit von Geräten gegenüber. Ihre Schlussfolgerung ist, dass technische Effizienzfortschritte „aufgefressen" werden, da Geräte im selben Maß leistungsfähiger werden, wie sie Energie einsparen (Lange & Santarius 2018: 26, 238). In diese Rechnung muss mit einfließen, dass auch die Produktion Strom und Rohstoffe kostet. Wenn beispielsweise Smart-Home-Geräte in hoher Stückzahl produziert und betrieben werden, können ihre Kosten ihren Nutzen schnell überwiegen (Pohl et al. 2021: 18). Bei einer grundsätzlichen Nachhaltigkeitsbewertung digitaler Tools müssen die Kosten für die Produktion und den Betrieb der Hard- und Software eigentlich eingepreist werden.

---

[25] Es handelt sich bei beiden nicht um physikalische Gesetze, sondern um beobachtete Gesetzmäßigkeiten in der technologischen Entwicklungen, die Abschätzungen ermöglichen.

Rebound-Effekte lassen sich in überall beobachten, wo Lebensbereiche von der Digitalisierung berührt werden: Onlineshops benötigen für Waren wegen ihrer logistischen Optimierung und den nicht notwendigen Verkaufsflächen weniger Platz als klassische Geschäfte, gleichzeitig wird zunehmend mehr online bestellt. Onlinestreaming eines Films spart Energie im Vergleich zum Kinobesuch, doch wegen der leichten Verfügbarkeit werden Streaming-Angebote so umfangreich genutzt, dass diese Vorteile wieder verschlungen werden (Shehabi et al. 2014: 9 f.).

Die Digitalindustrie hat somit direkt und indirekt Einfluss auf das gesellschaftliche Konsumverhalten, das seinerseits Auswirkungen auf die Umwelt- und die Klimaproblematik hat. Uwe Schneidewind führt aus, dass es im Kontext von Nachhaltigkeitsthemen unerlässlich sei, das technikgläubige Narrativ der „digitalen Lösungen für alles" in Frage zu stellen: „In den vergangenen 20 Jahren ist die Notwendigkeit von Suffizienz noch deutlicher geworden. Denn trotz aller ökologischer Effizienzgewinne sind die absoluten globalen Umweltbelastungen, insbesondere die CO_2-Emissionen, weiter gestiegen. Effizienz im Kleinen wird kompensiert durch die Wachstumseffekte im Großen – zum Teil gerade ausgelöst durch die effizienteren Lösungen [...]." (Schneidewind 2017: 98 f.).

Kurzlebigkeit von Elektrogeräten

Die Nutzungsdauer von digitalen Endgeräten liegt häufig weit unter ihrer tatsächlichen Lebensdauer. Die Gründe hierfür liegen in unterschiedlichen Obsoleszenzfaktoren, die die Nutzungsdauer negativ beeinflussen können[26] (Prakash et al. 2016: 159 ff., 282):

- **Produktion**
  - Gerätedesigns beinhalten teilweise keine Langlebigkeit/Robustheit
  - billige Produktion geht häufig mit qualitativ minderwertigen Bestandteilen einher, die schneller verschleißen
  - keine rechtliche Vorgabe der erwartbaren Lebensdauer
  - kurze Akkulebensdauer
  - komplexe Lieferketten und intransparente Produktionsbedingungen erschweren Kontrollen der Komponenten

[26] Dieser Abschnitt beschäftigt sich nicht mit dem Thema „geplante Obsoleszenz", sondern mit nachgewiesenen physischen, ökonomischen, psychologischen und funktionalen Faktoren, die sich negativ auf die Lebenszeit von Geräten auswirken.

- **Reparaturen**
  - Reparaturkosten sind zu hoch im Vergleich zur Neuanschaffung
  - Servicetechniker:innen sind zu teuer im Vergleich zur Neuanschaffung
  - Ersatzteile sind oft schwer oder gar nicht zu bekommen
- **Hard- und Software**
  - unterschiedliche Standards und Schnittstellen sorgen für Inkompatibilität
  - Treiber unterstützen häufig keine älteren Produkte mehr
  - fehlende Abwärtskompatibilität bei Betriebssystemen
- **Kaufentscheidungen**
  - gesunkene Kaufpreise führen zu veränderten Konsumentscheidungen: Geräte werden zu Wegwerfprodukten
  - bessere Energieeffizienz (siehe *Rebound-Effekt*)
  - schnelle technologische Entwicklung erfordert Anpassung

Die verhältnismäßig geringen Produktionskosten, die kurze Nutzungsdauer, unnötige Hürden bei Reparaturen und fehlende Softwareunterstützung für ältere, aber intakte Geräte führen dazu, dass ein linearer *take-make-dispose*-Prozess (= herstellen-nutzen-entsorgen) erhalten wird. Dadurch werden die in den Abschnitten 3.1.2, 3.1.3 und 3.2.1 bereits erläuterten Probleme des zunehmenden Elektroschrotts, des Flächenverlusts zur Rohstoffgewinnung sowie die ausbeuterischen Arbeitsverhältnisse in der Hardware-Produktion weiter befeuert.

Personalisierte Werbung

Personalisierte Werbung ist im Vergleich zu nicht personalisierter Werbung bei gleichem finanziellen Einsatz effektiver (Zenith 2017). Sie steigert die sogenannte *Conversion Rate*, also die Anzahl der Besucher:innen einer Website im Verhältnis zur Anzahl einer gewünschten Handlung (*Conversion*), beispielsweise das Anklicken einer Werbeanzeige. Die Messung dieses Erfolgs erfolgt über Web-Analyse-Systeme, beispielsweise Google Analytics.

Durch personalisierte Werbung werden potenzielle Kund:innen genauer adressiert, indem ihnen Werbebotschaften angezeigt werden, für die sie sich wahrscheinlich auch interessieren. Selbst Tonalität und Optik lassen sich an die Zielgruppe anpassen, um so eine bessere Markenbindung zu erzielen. Personalisierte Werbung, die auf digitalem Targeting durch Datenanalyse beruht, ist ein effektives Werkzeug unternehmerischen Marketings geworden (siehe auch Abschnitt 3.3.3), was bedeutet, dass mehr Produkte verkauft werden. Übermäßiger Konsum ist jedoch einer der größten Treiber der sozialökologischen Krisen, da die Herstellung, Lagerung und Lieferung von Gütern – selbst bei durch Ausgleichszahlungen vermeintlich klimaneutraler Produktion – immer Energie, Rohstoffe und Arbeitskraft verbraucht. Der Verkauf von Werbeplätzen für personalisiertes Marketing ist die bevorzugte Finanzierungsstrategie großer Plattformen wie Facebook, Instagram, YouTube oder X (ehemals Twitter).

3.3.3 Datenökonomie & Überwachungskapitalismus

Datenerfassung im industriellen Stil gab es schon lange vor digitalen Kommunikationsplattformen, beispielsweise in Form von Kreditscoring, Warenkorbanalysen oder Bonussystemen wie Payback. Mit der Verbreitung sozialer Netzwerke ergaben sich zusätzliche Informationsquellen aus Nutzungsdaten und Onlineverhalten – vor allem Facebook (heute Meta) und Google perfektionierten deren Erfassung. 2018 ergab eine Studie von Privacy International, dass über 60 % der getesteten Android-Apps, die aus dem Google Play Store heruntergeladen werden konnten, automatisch bereits beim Öffnen der App Daten an Facebook sendeten – unabhängig davon, ob die Nutzer:innen bei Facebook eingeloggt waren oder dort überhaupt ein Konto hatten (Privacy International 2018: 3, 33). Im selben Jahr zeigte auch eine großangelegte Studie der Cornell University, dass die meisten der über 950.000 untersuchten Apps sogenannte „Third-Party-Tracker" enthielten, am häufigsten von Google, Facebook, Microsoft und X (ehemals Twitter) (Binns et al. 2018: 3). Viele dieser Apps führen auch ein geräteübergreifendes Tracking durch, also das Verfolgen von Personen über mehrere verknüpfte Geräte.

Fehlende Transparenz über das tatsächliche Ausmaß der hinterlassenen Datenspuren und lasche Datenschutzgesetze führten mit der Verbreitung sozialer Netzwerke zum Erstarken einer neuen Industrie: Datenbroker sammeln und bündeln mittels Web-Tracking Informationen zu Personen, bereiten diese zu psychologischen Profilen auf und verkaufen sie weiter an Werbetreibende (Kuketz 2017). Diese Profile enthalten häufig auch sensible Informationen wie Krankheiten, politische Einstellung oder Religionszugehörigkeit[27]. Problematisch ist, dass auch vermeintlich anonyme oder pseudonyme Datensätze technisch mittels weniger Datenpunkte leicht deanonymisierbar sind, was ein großes Missbrauchspotenzial darstellt (ebd.).

Das wirtschaftliche Interesse der Unternehmen hinter Kommunikationsplattformen ist die Kapitalisierung der von den Nutzer:innen hinterlassenen Daten. Dazu

[27] Einem älteren Bericht zufolge wurden bei Datenbrokern Listen mit Personen geführt, die beispielsweise in die Profile „Alkoholproblem", „erektile Dysfunktion", „HIV" oder „Vergewaltigungsopfer" fielen (Hill, 2013).

müssen sie Nutzer:innen dazu anhalten, möglichst viel Zeit auf der Plattform verbringt. Dieses Ziel erreichen sie zum einen durch Abschließen ihrer soziotechnischen Ökosysteme – sogenannter *Lock-In*-Effekt – und zum anderen durch Strategien zur Bindung der Nutzer:innen (Staab 2020: 185 ff., 259). Diese Bindungsstrategien lassen sich grob einteilen:

- Verringerung der persönlichen Notwendigkeit, die Plattform zu wechseln (*switching necessities*), zum Beispiel durch die Implementierung komfortabler Features, die die Nutzung anderer Plattformen überflüssig machen.
- Erhöhung der (sozialen) Kosten (*switching costs*), die bei einem Verlassen der Plattform drohen würden, zum Beispiel der Verlust von Kontakten, Dateien oder der Teilhabe an sozialen Gruppen.

In der Folge steigt die Bereitschaft von Menschen, sich den in ihrer Umgebung am stärksten verbreiteten Plattformen anzuschließen und diese nur noch bei ausreichend hohem Druck zu verlassen. Aktive Nutzer:innen wiederum tragen – auch wenn ihnen das nicht bewusst ist – zur Datenmacht der Plattformen bei, da jede Interaktion auf den Plattformen weitere Informationen hinterlässt.

Wenn digitale Kommunikation nur über eine Handvoll globaler Großkonzerne stattfindet, kann mit solchen Datenmengen in der Folge ein Informationsoligopol entstehen. Diese Entwicklung konnte bei GAMAM in den letzten zwanzig Jahren beobachtet werden, insbesondere mit der zunehmenden Verbreitung ihrer Produkte bis in Unternehmen und dem Aufkaufen weiterer Plattformen: Facebook erwarb 2012 die Foto-Sharing-App Instagram, 2014 den Instant Messenger WhatsApp und die Virtual-Reality-Headsets Oculus VR (heute: Reality Labs als Teil von Meta), Google kaufte 2006 die Videoplattform YouTube, Amazon 2004 den Hörbuch-Anbieter Audible und 2014 das Live-Streaming-Portal Twitch und Microsoft erwarb 2011 das Videotelefonie-Programm Skype. Diese Verschmelzungen brachten den aufkaufenden Unternehmen nicht nur zusätzliche digitale Werkzeuge, sondern insbesondere Nutzerbasen und Daten ein. In der Folge wuchs damit auch die Datenmacht der Plattformen.

Der Begriff „Daten" meint in diesem Zusammenhang nicht nur explizite Angaben wie Name oder Telefonnummer, sondern auch implizite Daten wie Suchanfragen, Klicks auf Links oder Werbung und die Verweildauer auf einer Seite. Dabei handelt es sich um Verhaltensdaten und Nutzungsdetails, die durch Interaktion mit Online-Plattformen und -Diensten generiert werden. Zu impliziten Daten gehören auch Metadaten (siehe Abschnitt 3.4.1).

Die Wirtschaftswissenschaftlerin Shoshana Zuboff beschrieb 2018 ausführlich die Kapitalisierung von Daten und prägte dafür den Begriff „Überwachungskapitalismus" (original: *Surveillance Capitalism*). Die Ökonomie der Daten sei eine

Vorhersagestrategie mit dem Ziel der Manipulation – Verhaltensmodifikation sei zum kommerziellen Imparativ geworden, der den sozialen Netzwerken ihr integratives und demokratisches Wesen nehme und das digitale Verbundensein für anderer Leute Marktziele ausnutze (Zuboff 2019: 8). Laut Zuboff gehen Plattformen dabei über eine bloße Ausbeutung von Daten hinaus, indem sie die Privatsphäre und die Autonomie der Nutzer:innen untergraben und zu einem neuen gesellschaftlichen System führen, in dem das Sammeln von Daten und die Kontrolle darüber zu einem zentralen Aspekt von Wirtschaft und Gesellschaft werden. In einem *New York-Times*-Artikel beschreibt sie soziale Medien als: „kein öffentlicher Platz, sondern ein privater, der von Maschinenoperationen und ihren wirtschaftlichen Imperativen beherrscht wird." (Zuboff 2021; Übersetzung durch die Autorin).

Philipp Staab beschreibt die Herrschaftsstrukturen digitaler Plattformen als Ergebnis einer neuen Konzentration ökonomischer Macht (Staab 2020: 20). Ihm zufolge verwandelt der Plattformkapitalismus den Neoliberalismus in „rauchende Ruinen", denn der freie neutrale Markt sei für den Neoliberalismus konstitutiv – die Plattformen seien hingegen der Markt selbst (Staab 2020: 30, 41, 290 ff.). Die Oligopolstellung widerspricht demzufolge der Annahme, es handele sich bei Data Mining um einen wirtschaftlich vollkommen freien Markt.

3.4 Informationelle Faktoren

Der systemische Komplex von Nachhaltigkeit umfasst auch den Umgang mit menschlichem Wissen und Informationen (Grassmuck 2002: 162–176; Döring 2004: 4 f). Neben den ökologischen und ökonomischen Kosten für die Erhebung und Verarbeitung von Daten geht es bei informationeller Nachhaltigkeit vor allem um den Zugang zu Wissen und um informationelle Selbstbestimmung. Dieser Abschnitt beleuchtet die Themen Datenschutz und Privatsphäre, die Gefahren von digitalem Targeting oder staatlicher Überwachung sowie den Zugang zu Wissen, Daten und Fähigkeiten, der durch Lizenzen oder Patente versperrt werden kann.

3.4.1 Datenschutz & Privatsphäre

Der Schutz persönlicher Informationen vor unbefugter Nutzung und Weitergabe ist kein Thema, dass die Digitalisierung initiiert hat. Die Wahrung der ärztlichen Schweigepflicht oder die anwaltliche Verschwiegenheit reichen zurück bis in die Antike. Mit der Entwicklung digitaler Technologien hat die Frage nach dem Umgang mit Daten allerdings erheblich an Relevanz gewonnen, da die Erfassung,

Übertragung, Verarbeitung und Analyse von Informationen kontinuierlich vereinfacht und industrialisiert wurde. Technologische Innovationen wie das Internet und dazu gehörend die E-Mail-Kommunikation, Mobiltelefonie, elektronische Zahlungssysteme, Videoüberwachung – inzwischen gehören dazu auch Gesichtserkennung und Verhaltensanalyse mittels KI – haben neue Dimensionen der Datenerfassung eröffnet. Neben privaten Unternehmen hegen auch staatliche Institutionen ein Interesse an personenbezogenen Informationen. Sicherheitsorgane beispielsweise bemühen sich um Verbrechensbekämpfung durch Maßnahmen wie Rasterfahndung, Telekommunikationsüberwachung und Optimierung von Bestandsdatenauskunft. Finanzbehörden analysieren Banktransaktionen, um Steuervergehen aufzudecken.

Datenverarbeitende Unternehmen – darunter auch große kommerzielle Plattformen – argumentieren in der Debatte um Privatsphäre, strenge Datenschutzregulierungen würden wirtschaftliche oder sogar wissenschaftliche Interessen behindern. An der Front zwischen Datenschutz und divergierenden Interessen herrschen fraglos Zielkonflikte – beispielsweise bei der Prävention von Terrorismus oder bei der Eindämmung medizinischer Krisen, wie zuletzt während der Covid-Pandemie. Derartige Situationen erfordern jedes Mal eine Abwägung dieser Interessen. Daraus kann jedoch nicht der Schluss gezogen werden, dass die autonome Entscheidung über die Erfassung und Verarbeitung der eigenen Daten nicht grundlegend richtig und vorrangig vor Profitinteressen sei. Der Schutz von Daten stellt im Zweifel einen Schutz von Menschenrechten dar. Im Kontext der Datenschutzdebatte in Deutschland während der Covid-Pandemie bekräftigten die Datenschutzbeauftragten Dieter Kugelmann und Maja Smoltczyk, dass die Annahme, Datenschutzgesetze gefährdeten Menschen oder seien eine Innovationsbremse, eine grundfalsche Einstellung seien (Smoltczyk & Kugelmann 2021).

Schutz von Informationen

Wenn es um den Schutz von sensiblen Informationen geht, ist zunächst die Frage nach der (potenziellen) Bedrohung zu stellen. Wenn Google seine Drive-Ordner mit besonders gutem Schutz vor Hackerangriffen bewirbt oder Instagram seinen Nutzer:innen anbietet, das eigene Konto zum Schutz vor Stalking und Belästigung auf ein Privatkonto umzustellen, kann das den Eindruck erwecken, bei Datenschutz ginge es darum, dass Plattformen die eigenen Daten gut „bewachen". Möglicherweise halten die Anbieter sogar die gegebenen Versprechen und nutzen neueste Technologien, um persönliche Konten ausreichend zu schützen. Doch die Daten werden nicht vor den Plattformen selbst geschützt, die sich durch Tracking und Profiling der Nutzer:innen und dem Ausspielen personalisierter Werbung finanzieren.

In diesem Zusammenhang muss zwischen den beiden Begriffen *Datenschutz* und *Datensicherheit* unterschieden werden (siehe Tabelle 3.2): Bei Daten*sicherheit* handelt es sich um technische Maßnahmen, die Informationen vor Fremdzugriffen, aber auch Fehlern schützen. Dazu gehören beispielsweise Zugangskontrollen, Sicherstellung der Verfügbarkeit, Verifizierbarkeit oder Authentifikation. Daten*schutz* ist der rechtlichen Rahmen und umfasst technische und organisatorische Maßnahmen, die dazu dienen, Menschen zu schützen. Sie sind Teil des gesetzlichen Schutzes der Privatsphäre.

Tabelle 3.2 Unterscheidung zwischen Datensicherheit und Datenschutz

Datensicherheit	Datenschutz
– *technisch* –	– *rechtlich* –
schützt Daten	schützt Menschen
– vor Verschwinden	– vor Entblößung
– vor Betriebsausfällen	– vor Überwachung
– vor Hackerangriffen	– vor Ausbeutung
– vor unbefugtem Zugriff	– vor Verfolgung
– vor Manipulation	– vor Missbrauch von Daten

Privatsphäre

Das Recht auf Privatsphäre ist ein Bestandteil individueller Persönlichkeitsrechte und definiert damit auch den Freiheitsbegriff von Gesellschaften. Es gilt als ein Grundpfeiler der Demokratie und findet sich auf vielfältige Weise in europäischen Gesetzen wieder. Die Europäische Menschenrechtskonvention beschreibt Privatsphäre in Artikel 8:

> *Jede Person hat das Recht auf Achtung ihres Privat- und Familienlebens, ihrer Wohnung und ihrer Korrespondenz.* (Art. 8 Abs. 1 MRK)

Eine fast wortgleiche Bestimmung findet sich auch in der Grundrechtecharta der EU:

> *Jede Person hat das Recht auf Achtung ihres Privat- und Familienlebens, ihrer Wohnung und ihrer Kommunikation.* (Art. 7 GRCh)

In Deutschland wird Privatsphäre durch das Persönlichkeitsrecht definiert:

> *Jeder hat das Recht auf die freie Entfaltung seiner Persönlichkeit, soweit er nicht die Rechte anderer verletzt und nicht gegen die verfassungsmäßige Ordnung oder das Sittengesetz verstößt.* (Art. 2 Abs. 1 GG)

Dieses Recht wird beispielsweise durch das Post- und Fernmeldegeheimnis [Art. 10 GG] und andererseits durch die Unverletzlichkeit der Wohnung [Art. 13 GG] beschrieben.

1983 leitete das Bundesverfassungsgericht aus Art. 2 Abs. 1 GG auch ein Grundrecht auf informationelle Selbstbestimmung („Volkszählungsurteil“[28]) ab:

> *Unter den Bedingungen der modernen Datenverarbeitung wird der Schutz des Einzelnen gegen unbegrenzte Erhebung, Speicherung, Verwendung und Weitergabe seiner persönlichen Daten von dem allgemeinen Persönlichkeitsrecht des GG Art 2 Abs. 1 in Verbindung mit GG Art 1 Abs. 1 umfaßt. Das Grundrecht gewährleistet insoweit die Befugnis des Einzelnen, grundsätzlich selbst über die Preisgabe und Verwendung seiner persönlichen Daten zu bestimmen.* (BVerfG 1983, 1 BvR 209/83)

Die Politologin Sandra Seubert erklärt, dass Privatsphäre nicht auf private Räumlichkeiten begrenzt ist, sondern als individueller Anspruch verstanden werden muss, unbeobachtet und ungestört sein zu können (Seubert 2014: 964). Der Schutz des Privaten ermögliche darüber hinaus eine Pluralität sozialer Sphären und der dazugehörigen Kommunikationsräume. Private „Räume“ können als Ermöglichungsbedingung effektiver politischer Partizipation und Schutzschild gegen Beherrschung verstanden werden (ebd.).

Die Metadatengesellschaft

Der italienische Philosoph und Medientheoretiker Matteo Pasquinelli beschreibt die Etablierung von Datensätzen als primäre Kapitalquelle und politischer Macht als Geburt der „Metadatengesellschaft“. Nicht die bloße Anhäufung von Daten, sondern die Analyse, also die Kartierung und Interpretation ihrer Muster, Trends und die Vorhersage ihrer Tendenzen, mache Datensammlungen so wertvoll (Pasquinelli 2018: 253 f.).

[28] Als „Volkszählungsurteil“ wird die Grundsatzentscheidung des Bundesverfassungsgericht am 15.12.1983 bezeichnet, nach der die informationelle Selbstbestimmung als ein vom Grundgesetz geschütztes Gut anerkannt wurde. Das Urteil wurde anlässlich protestierender Bürgerinitiativen und Verfassungsbeschwerden im Zusammenhang mit einer geplanten Totalerhebung (Volkszählung) gesprochen und gilt als Meilenstein das Datenschutzes in Deutschland.

Bei Metadaten handelt es sich um begleitende Informationen zu (digitalen) Interaktionen, also Kommunikation, Transaktionen, Käufe oder Bewegungen. Sie enthalten nicht die eigentliche Information, sondern Daten *über* die Information – beispielsweise die ISBN-Nummer eines Buchs, das Aufnahmedatum eines Fotos oder die Sprache eines Textes. Bei digitaler Kommunikation umfassen Metadaten die Parameter, die mit dem Versand und dem Empfang von Nachrichten einhergehen inklusive Informationen über die verwendeten Endgeräte sowie Standorte. Eine Verschlüsselung von Nachrichteninhalten macht Kommunikation also nicht automatisch vertraulich, wenn die Begleitinformationen bereits genug verraten. Das Portal netzpolitik.org kritisiert das an die Ende-zu-Ende-Verschlüsselung gekoppelte Privacy-Versprechen von WhatsApp: „Die größere Gefahr […] sind die Metadaten, die über Menschen ähnlich viel verraten wie die Inhalte ihrer Gespräche. Dazu gehört die Identität von Absender und Empfänger, ihre Telefonnummern und zugehörige Facebook-Konten, Profilfotos, Statusnachrichten sowie Akkustand des Telefons. Außerdem Informationen zum Kommunikationsverhalten: Wer kommuniziert mit wem? Wer nutzt die App wie häufig und wie lange? Aus solchen Daten lassen sich Studien zufolge weitgehende psychologische Profile bilden." (Dachwitz, 2021a). Diese Daten über Nutzer:innen werden an Werbetreibende verkauft oder der Strafverfolgung zur Verfügung gestellt. So gibt „WhatsApp in den USA derlei Metadaten regelmäßig an Ermittlungsbehörden weiter. Auch in Deutschland und Europa dürfte dies der Fall sein." (ebd.).

Sicherheitsbehörden können über Metadaten mögliche Staatsfeinde und Verdächtige – potenziell betrifft das alle Bürger:innen – eindeutig identifizieren und lokalisieren. Die USA, die sich nach eigener Definition seit 2001 im ständigen Krieg gegen den Terror befinden, nutzen Metadaten unter anderem, um Ziele für Drohnenangriffe zu orten (Biselli 2016). Sie sind einfach automatisiert analysierbar, zum Teil deutlich aufschlussreicher als der eigentliche Nachrichteninhalt und vor allem weniger effektiv schützbar. 2014 machte der ehemalige NSA- und CIA-Direktor Michael Hayden in einer öffentlichen Debatte an der John Hopkins University die provokante Bemerkung *„We kill people based on metadata"* (dt.: „Wir töten Menschen aufgrund von Metadaten"). Mit der Aussage bezog Hayden sich auf ein Zitat des ehemaligen NSA General Counsel Stewart Baker: *„Metadata absolutely tells you everything about somebody's life. If you have enough metadata, you don't really need content."* (dt.: „Metadaten verraten absolut alles über das Leben eines Menschen. Wenn Sie genügend Metadaten haben, brauchen Sie keinen Inhalt.") (Goodman 2014).

Pasquinelli sieht in diesem Zusammenhang vor allem eine Berechenbarkeit der Massen problematisch – mit Metadaten sei eine ganz neue Art der Kontrolle und Steuerung von Verhalten möglich (Pasquinelli 2018: 256). Zukünftige Generationen wachsen in diese Form der Ausleuchtung und Fremdbestimmung hinein, was auch Folgen für ihre freien Entscheidungen haben kann.

3.4.2 Staat, Zensur & Propaganda

Amerikanische Unternehmen haben die Filterung von angezeigten Inhalten auf Social-Media-Plattformen für bestimmte Nutzergruppen durch Algorithmen perfektioniert. Bei der chinesischen Videoplattform TikTok geht diese über das bekannte Maß hinaus: Die Klassifizierung von Inhalten folgt unternehmensinternen Moderationskriterien, die von *featured* (Video wird von TikTok gepusht) über *not recommended* (Video wird nicht empfohlen und in der Suche benachteiligt) bis hin zu *visible to self* reichen, der Stufe vor der Löschung (Video bleibt auf der Plattform, kann aber von niemandem angesehen werden) (Reuter & Köver 2019). Viele Inhalte werden zudem länderspezifisch teilweise oder vollständig unterbunden (Geoblocking). Das betrifft beispielsweise LGBTQIA[29]-Inhalte in muslimischen Staaten oder politische Äußerungen zum Tiananmen-Massaker, Protesten in Hongkong oder der Unabhängigkeit Tibets in China (ebd.). So bestimmt TikTok auf vielfältige Weise, welche Inhalte für wen sichtbar und welche sogar ganz unsichtbar sind.

2019 wurde über interne, geleakte Dokumente berichtet, die den Umfang der Zensur durch TikTok offenbarten: Demnach werden nicht nur viele politische Themen, sondern auch Beiträge von Nutzer:innen unterdrückt, die als „zu hässlich, arm oder behindert für die Plattform" gelten (Biddle et al. 2020; Übersetzung durch die Autorin). Bytedance versuche mit allen Mitteln, TikTok ein Image von Selbstausdruck und Kreativität zu verleihen, kontrolliere aber gleichzeitig sämtliche Inhalte auf der Plattform, „um ein schnelles Wachstum nach dem Vorbild eines Silicon-Valley-Startups zu erzielen und gleichzeitig politische Meinungsverschiedenheiten mit harter Hand zu unterdrücken" (ebd.; Übersetzung durch die Autorin).

Dass Unternehmen, die ihren Umsatz Datensammlungen und -analysen verdanken, ein Interesse an digitalem Tracking haben, erscheint nur folgerichtig, doch Regierungen nutzen diese Möglichkeit ebenfalls im großen Stil. 2013 enthüllte die „Snowden-Affäre" den tatsächlichen Umfang staatlicher Überwachung. Der ehemalige US-Geheimdienstmitarbeiter Edward Snowden hatte geheime Dokumente veröffentlicht, die zeigten, dass verschiedene US-amerikanische und verbündete Geheimdienste ein umfangreiches Überwachungsprogramm (PRISM) betrieben,

---

[29] Das Akronym steht für die verschiedenen Minderheiten im Spektrum sexueller Orientierung bzw. Geschlechtsidentitäten: *lesbian, gay, bisexual, trans, queer, inter, asexual*. Manchmal wird auch nur LGBT, LGBT+, die deutsche Schreibweise LSBT oder „queer" verwendet.

das die Massensammlung von Telekommunikationsdaten, einschließlich der elektronischen Kommunikation von Bürger:innen, ermöglichte (Wilkens 2013). Die Enthüllungen hatten weltweit eine Debatte über Datenschutz, Bürgerrechte und staatliche Überwachung ausgelöst und zu umfangreichen Diskussionen über die Balance zwischen nationaler Sicherheit und individueller Privatsphäre in der Ära der digitalen Kommunikation geführt.

Ein Aspekt hinsichtlich staatlicher Überwachung, der nun insbesondere zukünftige Generationen betrifft, sind beispielsweise die Konsequenzen, die sich bei gesetzlichen Änderungen für Gesellschaften ergeben. Sind Daten einmal erfasst, sind sie in den meisten Fällen nicht vollständig löschbar. Das Risiko, das sich durch wieder neu verschärfte Rechtslagen (vgl. hierzu Abschnitt 1.2 – weltweites Erstarken rechtspopulistischer Gruppen) eine plötzliche Illegalität ergibt, betrifft potenziell alle Staaten der Erde. Dadurch können Menschen durch in der Vergangenheit hinterlassene Informationen einer Straftat beschuldigt und verfolgt werden.

Beispiel 1: Strafverfolgung durch Plattformdaten
Seit Juni 2022 häufen sich Warnungen vor der Nutzung von Zyklus-Apps. Dabei handelt es sich um Tracker, die auf dem Smartphone installiert werden und dabei helfen, den Menstruationszyklus zu verfolgen und vorherzusagen. Dabei werden viele sehr persönliche Gesundheitsdaten erfasst wie körperliche Symptome, psychische Befindlichkeit, Geschlechtsverkehr und Verhütung, Medikamenten- oder Alkoholkonsum. Technischen Studien und Berichten zufolge landen solche Daten bei Meta – unabhängig davon, ob die Nutzer:innen ein Facebook- oder Instagram-Profil haben (Schechner, & Secada 2019). Informationen über emotionale Vulnerabilität, Kinderwunsch oder Trinkgewohnheiten sind zum einen für Werbetreibende wertvoll, zum anderen liefern solche Apps potenziell belastende Informationen in Strafprozessen. Seit der Aufhebung der Grundsatzentscheidung zum Abtreibungsrecht „Roe v. Wade" in den USA im Juni 2022, der teilweise restriktive „Trigger-Gesetze" in vielen US-Staaten folgten, wird nun vor der Verwendung solcher Apps gewarnt. Grund ist der Zugriff von Strafverfolgungsbehörden auf die Daten. Weil Zyklus-Apps nicht nur den Beginn einer Schwangerschaft, sondern auch ihr Ende erfassen, können Frauen, deren Schwangerschaft abrupt und frühzeitig endet, mit einer Anklage wegen illegalen Abbruchs konfrontiert werden. Das Weiße Haus selbst mahnt vor der Nutzung solcher Apps und hat Anleitungen zur Deinstallation und Löschung der eigenen Daten veröffentlicht (Wright & Vazquez 2022).

Auch Standortdaten und Suchanfragen können in diesem Fall verheerende Folgen haben, wenn Menschen beispielsweise nach Abtreibungskliniken suchen oder sich über den Eingriff informieren. Google hat zwar angekündigt, solche Daten herauszufiltern und zu löschen (ebd.), doch Einfluss darauf oder Kontrolle darüber haben die Betroffenen selbst nicht.

Digitales Targeting findet sich auch in anderen Bereichen, in denen rechtskonservative bis hin zu menschenverachtender Politik bestimmte Entscheidungen oder Gruppen mit bestimmten Merkmalen unterdrücken will. Ein Report der ILGA-Association berichtet, dass aktuell in 35 % aller UN-Staaten gleichgeschlechtliche Beziehungen als illegal gelten: Allein auf dem afrikanischen Kontinent wird Homosexualität in 59 % der Staaten per Gesetz als Straftat definiert, in Asien in 52 % der Staaten (Mendos et al. 2020: 113). Die Strafen für kriminalisierte sexuelle Handlungen oder Lebensweisen variieren, können zehn oder zwanzig Jahre, in einigen Ländern sogar lebenslange Haft[30] bedeuten. Häufig drohen den Betroffenen zudem Folter oder „corrective rapes". In sechs Mitgliedstaaten der Vereinten Nationen gilt die Todesstrafe als die gesetzlich vorgeschriebene Strafe für einvernehmliche gleichgeschlechtliche sexuelle Handlungen[31], darüber hinaus gibt es fünf weitere UN-Mitgliedstaaten, in denen bestimmte Quellen darauf hindeuten, dass die Todesstrafe für einvernehmliche gleichgeschlechtliche Handlungen gegebenenfalls verhängt werden kann[32]. In Ghana, das sich seit den 1990er Jahren durch große demokratische Fortschritte auszeichnet, liegt – Stand Juli 2023 – ein Gesetzentwurf im Parlament vor, der das bisherige Moralgesetz drastisch verschärfen soll. Sollte das Gesetz in Kraft treten, wären nicht nur gleichgeschlechtliche sexuelle Handlungen, sondern bereits die bloße Selbstidentifikation als nicht-heterosexuell oder die Unterstützung der LGBTQIA-Community strafbar (Wulff & Roßbach 2022: 2). Menschen in betroffenen Ländern, die sich über soziale Medien mit der queeren Community vernetzen oder gar aktiv für mehr Rechte engagieren, sind besonders gefährdet, durch digitales Targeting aufzufallen. Die Nichtregierungsorganisation (NGO) Human Rights Watch beschrieb in ihrem 2023 veröffentlichten Report, dass queere Menschen in Nordafrika und im Mittleren Osten bereits durch die Verfolgung der digitalen Aktivitäten von Behörden aufgespürt, verhaftet und gefoltert werden. Neben Onlineaktivitäten wie öffentlichen Postings oder der Nutzung spezifischer Hashtags sind auch private Nachrichten oder installierte Apps wie *Grindr*[33] potenzielle Beweise (Human Rights Watch 2023).

---

[30] Transgeschlechtlichen Menschen droht hierbei eine Unterbringung, die ihrem biologischen Geschlecht zugeordnet ist, z. B. landen Transfrauen dadurch in Männergefängnissen.

[31] Das betrifft: Brunei, Iran, Mauretanien, Nigeria, Saudi-Arabien und Jemen – Stand November 2020. In Brunei wurde die Todesstrafe für homosexuelle Männer erst 2019 eingeführt.

[32] Afghanistan, Pakistan, Katar, Somalia (einschließlich Somaliland) und die Vereinigten Arabischen Emirate – Stand November 2020.

[33] Grindr ist die am weitesten verbreitete Dating-App für schwule und bisexuelle Männer.

Beispiel 2: Social Scoring durch Überwachungsdaten
Das, wovor Shoshana Zuboff im Zusammenhang mit kapitalistischen Machtstrukturen wiederholt warnt – das Zusammenführen personenbezogener Daten mache Menschen gläsern und verwundbar (vgl. Abschnitt 3.3.3) – setzt China bereits proaktiv um. Seit 2014 wird an Sozialkreditsystemen[34] gearbeitet, die nach mehreren Pilotprojekten und Anpassungen inzwischen in vielen Bereichen implementiert sind. Sie werten nicht nur fiskalische und Verwaltungsdaten aus, sondern auch Sozialverhalten[35] und Social-Media-Aktivitäten (Daum 2022). Wer für vorbildliches Verhalten Punkte gutgeschrieben bekommt, darf mit Bevorzugung bei der Jobsuche oder Kleinkrediten, Steuervergünstigungen, kostenloser ÖPNV-Nutzung oder günstigeren Flugtickets rechnen. Welche Auswirkungen ein niedriger Score hat, unterscheidet sich je nach System (Geller 2022: 11 ff.). Die Daten fließen teilweise aus den Tech-Riesen Baidu, Tencent und Alibaba zusammen und werden durch Daten der Verwaltung ergänzt (Geller 2022: 17 f.). Innerhalb der chinesischen Bevölkerung wird das Scoring überwiegend positiv wahrgenommen, es wird als zuverlässige Quelle zur Beurteilung von Vertrauenswürdigkeit geschätzt (Daum 2022). Die Politikwissenschaftlerin und Sinologin Katika Kühnreich erklärt, warum Totalüberwachung für die chinesische Bevölkerung keine „Orwell'sche Überwachungsdystopie" ist: Die Systeme funktionieren mit Gamification, einem verspielten Belohnungsansatz, bei dem im Alltag Punkte für Vergünstigungen gesammelt werden können (Gruber 2017).

Staatliches Scoring ist keine ausschließlich chinesische Idee. Von 2014 bis 2019 sortierte in Polen das algorithmische Modell *„Publiczne Służby Zatrudnienia"* (dt.: „staatliche Arbeitsvermittlung") Arbeitslose in drei Kategorien hinsichtlich ihrer Arbeitseffizienz und Bedürftigkeit, was zur Folge hatte, dass vor allem Frauen und Ältere in der schlechtestmöglichen Kategorie landeten und kaum Unterstützung erhielten (Niklas 2015: 5–7, 13 f., 20 f.).

Vergleichbare Auswirkungen hatte auch die niederländische *„Toeslagenaffaire"* (dt.: „Kindergeldaffäre"): Behörden wollten algorithmisch gegen Steuerbetrug vorgehen und nutzten dabei unzulässig Daten über die Herkunft von Kindergeld-Antragsteller:innen als Faktor – die in der Folge zu Unrecht des Sozialbetrugs beschuldigten Familien hatten in den meisten Fällen einen Migrationshintergrund.

[34] Es gibt nicht „das" Sozialkreditsystem in ganz China, sondern viele verteilte Systeme, die unterschiedlich funktionieren. Siehe hierzu die Doktorarbeit von Anja Geller (2022).

[35] Dies betrifft v. a. Schulden bzw. pünktliches Abzahlen von Krediten, Verkehrsdelikte, Nutzung emissionsfreier Verkehrsmittel, ehrenamtliches Engagement oder Nachbarschaftshilfe, Blutspende, öffentliche Äußerungen über die Kommunistische Partei KPCh, Teilnahme an bestimmten religiösen oder aktivistischen Gruppen und während der Covid-Pandemie auch das Tragen einer Maske in der Öffentlichkeit.

Die niederländische Regierung wurde wegen Verstoßes gegen die Datenschutz-Grundverordnung (DSGVO) mit 2,75 Millionen Euro Bußgeld belegt (Dachwitz 2021b).

In Dänemark wurde 2018 das Experiment *„Gladsaxe"* als Teil eines „Ghetto-Plans" vorgestellt (Alfter 2019: 50), dessen Zweck es war, Kinder mit besonderem sozialen Förderungsbedarf möglichst früh aufzuspüren, indem Risikoindikatoren in der Familie wie Geisteskrankheit, Arbeitslosigkeit, Scheidung oder Versäumen von Arztterminen in einem Punktesystem kombiniert wurden. In der Folge sollten dann in als „Ghetto" qualifizierten Nachbarschaften Sondermaßnahmen eingeführt werden, beispielsweise höhere Strafen für kriminelle Handlungen oder ein Zwang zu einer früheren Unterbringung der Kinder in öffentlichen Kindergärten (Alfter 2019: 51; Geller 2022: 20). Das Projekt scheiterte nach massiver öffentlicher Kritik, Folgeprojekte dauern aber teilweise noch an.

Beispiel 3: Soziale Medien im Krieg
Von großen digitalen Plattformen geht nicht nur ökonomische, sondern auch politische und im Zweifel militärische Macht aus. 2021 beschrieben die Autoren Kissinger, Schmidt und Huttenlocher das Risiko, dass KI-gestützte Plattformen, deren Nutzerbasen die Bevölkerung ganzer Länder übertreffen, geopolitisch signifikante Akteure geworden sind und ihre Community-Standards so einflussreich wie nationale Gesetze. Dadurch könnten Plattformen möglicherweise in Krisenzeiten zu Waffen werden, beispielsweise indem in bestimmten Ländern ihr Dienst eingestellt wird (Kissinger et al. 2021: 93 f.). Weniger als ein Jahr nach dem Erscheinen des Buchs sollte sich insbesondere diese Passage eindrücklich bewahrheiten: Kurz nach Ausbruch des Krieges in der Ukraine im Februar 2022 blockierte Meta Konten, die mit Fake-News-Kampagnen gegen die Ukraine in Verbindung standen, und beschränkte den Zugang zu den russischen Staatssendern Russia Today und Sputnik in der Europäischen Union. YouTube bzw. Google, Microsoft und TikTok schlossen sich an, Twitter kennzeichnete Tweets als russische Staatspropaganda, parallel wurde der Zugriff auf europäische und US-Medien in Russland stark eingeschränkt; außerdem schaltete Google in seinem Kartendienst das Ausspielen von Live-Verkehrsdaten in der Ukraine ab, da durch das Anzeigen von Stau und Menschenmengen Rückschlüsse auf Truppenbewegungen oder Fluchtrouten von Zivilist:innen möglich waren (Jensen 2022). Dieses Verhalten der Plattformen erscheint im konkreten Fall aus westlicher Perspektive folgerichtig und angemessen, wirft jedoch die Frage auf, wie ein so großer Einfluss von amerikanischen Privatunternehmen auf europäisches Kriegsgeschehen grundsätzlich zu bewerten ist. Die FAZ berichtete im weiteren Verlauf von einer Lockerung der Facebook-Communitystandards dahingehend, dass es nun ukrainischen Nutzer:innen gestattet wurde, „den angreifenden russischen

Soldaten, dem Machthaber Wladimir Putin oder dem belarussischen Diktator Alexandr Lukaschenko den Tod zu wünschen", woraufhin die russische Staatsanwaltschaft Facebook als „extremistische Organisation" einstufte und ein Verfahren einleitete (Hanfeld 2022).

Diese Beispiele verdeutlichen: Digitalisierung ist ein globaler Prozess, doch in diesem Prozess werden nicht nur gesellschaftliche Fortschritte, sondern *jede* Form von gesellschaftlicher Auseinandersetzung digitalisiert. Es gibt weltweit einen Trend, soziale Probleme durch Technologie und Kontrolle lösen zu wollen. Nachhaltigkeit bedeutet in diesem Kontext, derartige Ansätze kritisch zu bewerten und auch in Bezug auf Informationen die Belange zukünftiger Generationen zu berücksichtigen und Machtmissbrauch vorzubeugen.

3.4.3 Die Bedeutung von Wissen

Döring und Grassmuck zu Folge gelten menschliches Wissen und menschliche Fähigkeiten als schützenswerte Ressourcen und sind im Sinne informationeller Nachhaltigkeit zu erhalten und zugänglich zu machen (Döring 2004: 4 f.; Grassmuck 2002: 162–176). Dieser Abschnitt beleuchtet die unterschiedlichen strukturellen Aspekte hinsichtlich einer solchen Zugänglichkeit, darunter Lizenzen, Patente und Föderalismus.

Lizenzen

Software wird juristisch zu den geistigen Werken gezählt und unterliegt damit dem Urheberrecht. Lizenzen[36] für die Nutzung von Software werden vom Immaterialgüterrecht erfasst und regeln die Verwendung geistiger Werke. Bei Software werden hauptsächlich vier verschiedene Modelle von Nutzungsrechten unterschieden:

- **Vollständiger Verkauf**
  Bei einem exklusiven Verkauf gehen sämtliche Nutzungs- und Verwertungsrechte an die Kund:innen über. Dies betrifft vor allem Software, die für einen speziellen Bedarf oder im Auftrag eines Unternehmens programmiert wurde.
- **Nutzungsvertrag**
  Die häufigste Lizenz ist der klassische Nutzungsvertrag. Dabei bleiben die Eigentumsrechte bei den Entwickler:innen, die Nutzungsrechte werden in unterschiedlichem Umfang weitergegeben:

---

[36] „Lizenz" stammt vom lateinischen Wort licentia, was so viel wie „Erlaubnis" bedeutet.

- innerhalb eines Dauerschuldverhältnisses, also gegen eine regelmäßige Gebühr (Beispiel: Adobe Creative Cloud).
- nach Einmalentgelt, also Zahlung eines Kaufpreises (Beispiel: Computerspiele, Windows-Lizenz).
- als Freeware, also kostenlos[37] (Beispiele: Skype, WhatsApp).

In der Gestaltung eines Lizenzvertrages sind Entwickler:innen grundsätzlich frei, vor allem in der Festlegung, auf wie vielen Geräten die Software installiert werden oder zu welchem Zweck sie genutzt werden kann (Beispiele: nur nichtkommerziell, nicht zur Steuerung medizinischer Geräte).

- **Service-Vertrag**
  Eine Sonderform des Nutzungsvertrages sind Cloud- und Webanwendungen als *Software as a Service*. Dabei ist die Software, die die Endkund:innen nutzen, häufig nur ein Teil des Pakets und der Service, also die Verwaltung und Pflege, das eigentliche Produkt (Beispiel: Cloud-Angebote). Hier liegt die Einschränkung der Nutzung häufig in einer Begrenzung des Datenvolumens.
- **Open-Source-Lizenzen**
  Um als Open-Source-Lizenz zu gelten, müssen die Kriterien der **Open Source Initiative** erfüllt sein[38], die insbesondere vorschreiben, dass der Quellcode öffentlich zugänglich sein muss und die Software beliebig genutzt, verändert und weitergegeben werden darf. Dabei gibt es unterschiedlich strenge Abstufungen:
  - Lizenzen mit starker Copyleft-Klausel[39]: Weiterentwicklungen müssen unter der gleichen Lizenz weitergegeben werden wie ihre Vorgängerversion, wodurch verhindert wird, dass freie Software durch proprietäre Erweiterungen unzugänglich wird. Beispiele: GNU General Public Licence (GPL), Affero General Public License (AGPL).
  - Lizenzen mit schwacher Copyleft-Klausel erlauben prinzipiell die Kombination unterschiedlicher Lizenzbedingungen, so dass auch proprietäre Erweiterungen möglich sind. Beispiele: GNU Lesser General Public License (LGPL) und Mozilla Public License (MPL).
  - Permissive Lizenzen: Lizenzen ohne Copyleft-Klausel verlangen bei Weitergabe nur den Lizenztext, den Haftungsausschluss sowie einen Urheberrechtsvermerk. Beispiele: Berkeley Software Distribution (BSD).

---

[37] Freeware ist nicht zu verwechseln mit Free Software: Freeware ist gratis, aber nicht frei.

[38] Eine vollständige Übersicht findet sich hier: https://opensource.org/osd/

[39] Copyleft ist ein Gegenmodell zum Copyright. Das Wortspiel ersetzt *right* („Recht“, aber auch “rechts“) durch *left* („links“, aber auch „(über)lassen“).

Freie und Open-Source-Software (FOSS)[40] wird im Kontext von Nachhaltigkeit immer wieder benannt (siehe 5 und 6). Bei FOSS entfällt die Abhängigkeit von einzelnen Entwickler:innen, Optimierungen können leichter entwickelt, Sicherheitslücken schneller gefunden und die Einhaltung von Datenschutzbestimmungen besser kontrolliert werden. „Frei" ist dabei nicht einfach im Sinne von „kostenfrei" zu verstehen, auch wenn FOSS in fast allen Fällen gratis nutzbar ist, sondern im Sinne von „freiheitlich", also der Allgemeinheit zur Verfügung steht und beliebig verändert werden darf[41]. Bekannte Beispiele für FOSS sind die Betriebssysteme Linux und Android, der Browser Mozilla Firefox, das E-Mail-Programm Mozilla Thunderbird, die Office-Suite Libre Office, der Onlinespeicher Nextcloud sowie das gesamte Wikipedia-Projekt.

Softwarepatente

Während Software als Schriftwerk automatisch vom Urheberrecht geschützt ist und dieses Recht in vielen Ländern auch nicht aufgegeben werden kann, müssen Patente beantragt und begründet werden. Dabei sind in Europa Patente für Computerprogramme explizit ausgeschlossen (Art. 52, Abs. 2 EPÜ), da es sich hierbei vorrangig um eine Schutzform für technische Erfindungen handelt. In der Praxis wurden und werden jedoch immer wieder Patente für Software beantragt und erteilt. Das wird dadurch erreicht, dass eine technische Neuerung argumentiert wird, das Programm beispielsweise die Steuerung des Prozessors oder Speichers beeinflusst. Diese Dehnung des Patentbegriffs wird kritisiert: So werde durch ein Softwarepatent nicht etwa die Programmierung oder eine konkrete Idee, sondern die generelle Methode zur Lösung eines logischen Problems blockiert, was „dem Patentinhaber das Privileg [gibt], dieses Problem exklusiv zu lösen und alle unabhängig davon entwickelten Lösungen zu verbieten" (Köser et al. 2005: 3). Softwarepatente können dadurch auch die Urheber- und Verwertungsrechte anderer Softwareautor:innen aushebeln: „Computerprogramme, die die abstrakte Problemlösung beinhalten, auf die sich das Patent bezieht, dürfen (…) nicht mehr gewerblich angewendet werden." (Keller 2009: 14)

Ein Gutachten des Wissenschaftlichen Beirats beim Bundesministerium für Wirtschaft und Technologie kam 2007 zu dem Fazit, dass die Zahl der angemeldeten Patente im Kontext der Elektro- und Informationstechnik zugenommen hat, die

---

[40] Freie Software und Open-Source-Software sind keine Synonyme, sondern bilden eigene Philosophien und Kriterien ab. Freie Software entspricht den Richtlinien der Free Software Foundation, Open-Source-Software denen der Open Software Initiative. Die Überschneidungen zwischen beiden sind jedoch so groß, dass im Allgemeinen von Free and Open-source Software (FOSS) gesprochen wird.

[41] Übersicht über freie Lizenzen: https://www.gnu.org/licenses/license-list

Qualität der Anmeldungen jedoch gesunken ist (BMWT 2007: 11, 13). Kriterien, nach denen Patente „Innovationen unterstützen, aber nicht Investitionen absichern" sollen, seien aufgeweicht und die Zurückweisung einer Patentanmeldung mit mehr Aufwand verbunden als eine Gewährung (BMWT 2007: 20). Dadurch nutzen Softwarepatente lediglich Großkonzernen und bremsen Mittelstand und freien Markt, fördern Monopolisierung und erschweren Innovationen (Köser et al. 2005: 7 f.).

Patente gehen zwar mit einer Pflicht zur Veröffentlichung einher, jedoch auch mit einer Schutzdauer von zwanzig Jahren – im Kontext der schnellen Entwicklungszyklen digitaler Plattformen ist das eine unverhältnismäßig lange Zeit. Neben proprietären Lizenzen tragen demnach auch Softwarepatente zu einem Einschluss von Wissen und einer Blockierung technischer Fähigkeiten bei und begünstigen Monopolstellung und Machterhalt. Da das Übereinkommen über handelsbezogene Aspekte der Rechte des geistigen Eigentums (TRIPS) der Welthandelsorganisation (WTO) eine Patentierbarkeit von Software wiederum nicht grundlegend ausschließt, kommt es darüber hinaus zu Problemen im internationalen Handel, die „untragbar im Sinne einer gemeinsamen wirtschaftlichen Entwicklung" sind (Albers 2009: 28).

Meta, Twitter und auch ByteDance sind Inhaberinnen zahlreicher Patente[42] die beispielsweise Empfehlungsalgorithmen beinhalten, Verfahren zur Erinnerung an ungelesene Nachrichten, Verarbeitung von Sensoreingaben oder Kartierung von Adressregionen. Die Produkte von GAMAM und anderen großen Tech-Unternehmen sind zudem nahezu vollständig proprietär, eine Einsicht in den Quellcode ist ausgeschlossen, eine aktiv mitgestaltende Community nicht gewünscht. Dadurch können weder Sicherheit noch Datenschutzkonformität oder andere rechtlich und technisch relevante Aspekte unabhängig überprüft oder verbessert werden.

Als Beispiel für freie Plattformsoftware sei exemplarisch der Kurznachrichtendienst Mastodon genannt, der unter der GNU Affero General Public License (AGPL) steht und zudem dezentral ist und föderiert[43].

Zentralismus vs. Förderalismus

Mit zentralistische Strukturen sind Organisationsformen gemeint, in der die Kontrolle, Verwaltung und Entscheidungsbefugnisse bei einer zentralen Instanz oder

---

[42] Nachzulesen in der Registerauskunft des Deutschen Patent- und Markenamtes: https://register.dpma.de/

[43] Dezentrale und föderierte Systeme sind technisch nicht das gleiche. Der wesentliche Unterschied liegt darin, dass im dezentralen System die Einheiten weitgehend unabhängig voneinander sind, während im föderalen System eine gewisse Koordination und Zusammenarbeit erforderlich ist, um gemeinsame Ziele zu erreichen, auch wenn die Einheiten ihre Autonomie behalten. Im Kontext digitaler Kommunikationsplattformen werden die beiden Begriffe manchmal synonym verwendet.

einer kleinen Gruppe von Personen konzentriert sind. Im politischen Kontext werden mit dem Begriff Einheitsstaaten bezeichnet, in wirtschaftlichen Kontexten sind Konzernstrukturen gemeint.

Auch bei sozialen Medien kann zwischen Zentralismus und föderierten Strukturen unterschieden werden: Zentralistische Strukturen zeichnen sich durch die Verwaltung und Administration der Software auf eigenen Servern aus, die zwar an verteilten Standorten stehen können, jedoch zum Eigentum des Plattformbetreibers gehören. Die Nachteile wurden 2022 mit der Übernahme von Twitter durch Elon Musk offenbar: Twitter war zu einer wichtigen Informations- und Nachrichtenquelle für Journalist:innen, Wissenschaftler:innen oder Aktivist:innen geworden und die zahlreichen strukturellen Änderungen, die der Übernahme folgten – Reaktivierung gesperrter rechtsextremer Accounts, Verringerung der Moderation von Desinformationen, Ersetzen der unabhängigen Authentifizierungs-Haken durch Bezahlvarianten – machten die Plattform für viele nahezu unbrauchbar. Dieser Verlust der wichtigsten Plattform für Wissenschaftskommunikation wurde „von vielen Akteur_innen mit einem neuen Account bei Mastodon quittiert" (Einwächter 2023: 275).

Das Beispiel Twitter zeigt, dass das Aufkaufen und Verändern einer zentralistischen Plattform mitunter große Schäden anrichten kann und ein etablierter digitaler Raum mit Millionen Nutzer:innen durch die Entscheidungen einer einzelnen Person unbrauchbar werden kann.

Föderierte Strukturen zeichnen sich durch autonome und interoperable Systeme an verschiedenen Standorten und unter vielfältiger Administration aus. Im Kontext sozialer Medien sind sie als ein Zusammenschluss vieler Plattformen zu verstehen, die miteinander kommunizieren können, aber ihre jeweilige Autonomie bewahren. Ihr Prinzip ähnelt dem von E-Mail: Für den Austausch von Nachrichten ist es unerheblich, ob die Nutzer:innen bei Googlemail, GMX oder posteo sind oder selbst einen eigenen Mail-Server betreiben. Möglich macht das ein gemeinsamer Standard.

Mastodon ist das bekannteste Beispiel eines föderierten sozialen Netzwerks. Der 2016 ins Leben gerufene Microbloggingdienst läuft nicht zentral als eine große Plattform, sondern auf zahlreichen Instanzen, die von Freiwilligen, Unternehmen oder NGO betrieben werden. Die Plattform zeichnet sich ähnlich wie X/Twitter durch das Posten, Liken und Teilen von Kurznachrichten aus, wobei jede Instanz die Inhalte anderer Instanzen verfolgen und mit ihnen interagieren kann[44]. Mastodon

---

[44] Ausnahme: Wenn die Zielinstanz bei der eigenen Instanz geblockt ist. Das geschieht beispielsweise, wenn sich rechtspopulistische Gruppierungen eine eigene Instanz aufsetzen.

ist Teil des *Fediverse*[45], einem Netzwerk aus verschiedenen föderierten sozialen Medien, die aufeinander zugreifen und miteinander kommunizieren können. Dazu gehören beispielsweise auch Friendica, Pixelfed oder PeerTube. Die Funktionsweise und Handhabung ist der von Facebook, Instagram und YouTube vergleichsweise ähnlich. Da kein Tracking oder Profiling stattfindet, gibt es keine algorithmische Empfehlung, aber auch kein im Hintergrund laufender Datenhandel. Fediverse-Instanzen finanzieren sich nicht über Werbung, sondern über Spenden oder kleine Mitgliedsgebühren.

Föderierte Dienste sind insofern nachhaltiger, als dass Nutzer:innen jederzeit wechseln können und die Abhängigkeit von einem bestimmten Anbieter entfällt. Plattformen können zudem nicht aufgekauft werden, da sie niemandem gehören. Wenn strukturelle Änderungen an einer Instanz den Verbleib unmöglich machen, können Nutzer:innen mit ihrem Konto und allen Beiträgen auf eine andere Instanz umziehen.

Quelloffenheit und eine föderierte Strukturierung sind demnach zwei mögliche Strategien für mehr informationelle Nachhaltigkeit bei digitalen Kommunikationsplattformen. Soziale Medien müssen als etwas verstanden werden, das längst nicht mehr nur soziale Bedürfnisse erfüllt, sondern auch politische und wissenschaftliche Teilhabe, Aufklärung und Kommunikation möglich macht. Sie sollten deshalb nachhaltig verfügbar sein

[45] Kofferwort aus *federation* und *universe*

4 Gesetzliche Regulation

Sowohl den Themen Datenschutz als auch Hassrede oder anderen problematischen Phänomenen digitaler Plattformen wird seit 2017 auf gesetzlicher Ebene begegnet. Die Europäische Union (EU) verfügt dabei über die bislang schärfsten Gesetze zur Regulierung digitaler Kommunikationsplattformen, nichtsdestotrotz sind diese oft Gegenstand kritischer Diskussionen. Dieses Kapitel soll die wichtigsten Gesetze kurz beleuchten.

Regulierungsversuche auf nationaler Ebene in Europa

Als Reaktion auf die Verbreitung von Hasskriminalität auf den großen sozialen Plattformen wurden mehrere Regulierungsgesetze diskutiert und auch verabschiedet. Bei diesen geht es nicht nur um Hassrede, sondern auch um Desinformationen, Wahlmanipulation und andere „gefährdende Inhalte". Mehrere europäische Regierungen versuchen dabei, soziale Medien mit unter anderem Moderations- oder Löschfristen in die Verantwortung zu nehmen – mit unterschiedlichem Erfolg:

- **Deutschland: Netzwerkdurchsetzungsgesetz (NetzDG)** (2017):
  Das NetzDG[1] hat insbesondere das Ziel, rechtsradikale Äußerungen, Antisemitismus, Volksverhetzung und andere illegale Inhalte (Bedrohungen, Aufrufe zur Gewalt) zu reduzieren. Es enthält verschiedene bußgeldbewehrte Verhaltensregeln für den Umgang mit Hassrede und entsprechenden Beschwerden durch

[1] Vollständiger Gesetzestext: https://www.gesetze-im-internet.de/netzdg/BJNR335210017.html

J. Kollien, *Digitale Nachhaltigkeit als Leitmotiv für Kommunikationsplattformen*, BestMasters, https://doi.org/10.1007/978-3-658-46521-6_4

Nutzer:innen sowie eine vierteljährliche Berichtspflicht. Eine Studie unter der Leitung des Juristen und Medienwissenschaftlers Marc Liesching ergab, dass dieser Ansatz unter anderem zum befürchteten „Overblocking" führt – voreiligen Löschungen zur Vermeidung hoher Bußgelder (Liesching et al. 2021: 143 f.).

- **Frankreich: Loi Avia** (2020, *gekippt*):
  Das französische Äquivalent zum NetzDG, das in der Kurzform *Loi Avia*[2] – nach der berichterstattenden Abgeordneten Laeticia Avia – bekannt wurde, hatte insbesondere potenzielle Beeinflussung im Wahlkampf durch Falschinformationen im Fokus[3].
- **Österreich: Kommunikationsplattformengesetz KOPL-G** (2020):
  Das KOPL-G[4] hat seinen Schwerpunkt insbesondere bei Onlinemobbing, sexueller Belästigung[5] und dem Hetzen gegen Personen aufgrund ihrer Religion, Herkunft oder einer Behinderung.
- **Großbritannien: Online harms bill** (2019):
  Das britische Plattformgesetz[6] soll nicht nur strafbare, sondern auch potenziell schädliche, verletzende oder gefährliche Inhalte („harmful content") regulieren, speziell im Kontext der Surfgewohnheiten Minderjähriger[7], und spricht von einer Fürsorgepflicht sozialer Medien.

Regulierungen muss der Spagat zwischen Moderation und Meinungsfreiheit gelingen. Neben der Gefahr eines „Overblockings" und der wiederholten Diskussion um Uploadfilter stellt sich auch die Frage, welche Konsequenzen es hat, wenn die Deutungshoheit über illegale Inhalte bei den Plattformen selbst liegt. Andersherum ist auch eine staatliche Deutungshoheit über Plattforminhalte nicht

[2] Originaltitel: *Loi visant à lutter contre les contenus haineux sur internet.* Vollständiger Gesetzestext: https://www.legifrance.gouv.fr/dossierlegislatif/JORFDOLE000038745184/

[3] Auslöser waren vor allem virale Falschinformationen während des französischen Wahlkampfs gewesen, die besagten, Emmanuel Macron sei schwul. Hierbei handelt es sich rechtlich weder um Beleidigungen noch um Diffamierung, sondern um Meinungsmanipulation.

[4] Vollständiger Gesetzestext: https://www.ris.bka.gv.at/eli/bgbl/i/2020/151/P3/NOR40229138

[5] Österreich definierte in diesem Zusammenhang das „Upskirting", also unfreiwillige Foto- oder Videoaufnahmen von Intimbereichen, als Straftatbestand.

[6] Vollständiger Gesetzestext: https://publications.parliament.uk/pa/bills/lbill/58-01/022/5801022.pdf

[7] Ausgelöst wurde die Debatte durch den Suizid einer Schülerin im Jahr 2017. Die 14-jährige soll bis zu ihrem Tod sehr explizite Inhalte zu Themen wie Depressionen, Selbstverletzung und Selbstmord auf Instagram konsumiert haben (Powell 2019).

unproblematisch – derartige Fragen müssen juristisch geklärt werden. Während die Loi Avia für verfassungswidrig erklärt wurde, wurde in Deutschland eine Verschärfung des NetzDG diskutiert. Das zeigt, „dass es in dieser Debatte kein richtig oder falsch gibt, sondern dass wir uns in einem Prozess befinden, in dem die Rechtswissenschaft Antworten auf soziale Phänomene im Netz sucht und jener noch nicht abgeschlossen ist." (Heldt 2020)

DSGVO

Seit Mitte 2018 gilt die Datenschutz-Grundverordnung (DSGVO) im gesamten Europäischen Wirtschaftsraum[8]. Sie regelt den Schutz von persönlichen Daten von EU-Bürger:innen und verpflichtet Unternehmen und Organisationen, die diese Daten verarbeiten wollen, ihre Datenschutzpraktiken zu überprüfen und zu verbessern. Sie enthält Bestimmungen zur Erhebung, Verarbeitung, Speicherung und Übermittlung personenbezogener Daten sowie zur Benachrichtigung bei Datenschutzverletzungen und gibt Betroffenen das Recht auf Auskunft, Korrektur, Übertragung, Löschung und Einschränkung der Verarbeitung. Unternehmen und Organisationen müssen seit der Einführung einen Datenschutzbeauftragten benennen, Datenschutzerklärungen bereitstellen und sich an die zwei Grundsätze halten:

- *Privacy by design*:
  Datensparsame bzw. datenschutzfreundliche Programmierung
- *Privacy by default*:
  Datensparsame bzw. datenschutzfreundliche Voreinstellungen

Die Umsetzung dieser Grundsätze muss durch technische und organisatorische Maßnahmen (TOM) erfolgen (Art. 25 Abs. 1):

technisch	organisatorisch
Schutzmaßnahmen, die im weitesten Sinne physisch oder in Hard- und Software umsetzbar sind (Verschlüsselungen, Authentifizierung)	Maßnahmen, die die Verfahrensweisen betreffen (Regeln, Abläufe, Zuständigkeiten und Verantwortlichkeiten)

[8] Der Europäischer Wirtschaftsraum (EWR) umfasst die EU sowie Norwegen, Island und Liechtenstein. In der Schweiz, die weder Mitglied der EU noch des EWR ist, gilt das Schweizerische Bundesgesetz über den Datenschutz (DSG), das mit der DSGVO vergleichbar ist. Darüber hinaus muss die Schweiz bei der Verarbeitung personenbezogener Daten von EWR-Bürger:innen die Anforderungen der DSGVO erfüllen, wenn sie Waren oder Dienstleistungen im EWR anbietet.

Verstöße gegen die Vorgaben der DSGVO können empfindliche Geldstrafen nach sich ziehen. Tatsächlich wurden in der Vergangenheit bereits Bußgelder in Millionenhöhe auch gegen große Tech-Unternehmen verhängt: Allein im Jahr 2022 gegen TikTok (Klage aus Frankreich, 5 Mio. Euro wegen irreführender Cookie-Banner), gegen Meta (Irland, 265 Mio. Euro wegen Veröffentlichung personenbezogener Daten, ein Jahr später 390 Mio. Euro wegen unrechtmäßiger Nutzung von personenbezogenen Daten), gegen Microsoft (Frankreich, 60 Mio. Euro wegen heimlicher Cookies in der Suchmaschine Bing) und gegen Google (Spanien, 10 Mio. Euro wegen der unzulässigen Übermittlung von personenbezogenen Daten)[9] Das höchste je verhängte Bußgeld sind 1,2 Mrd. Euro gegen Meta, weil der Konzern „über Jahre hinweg ohne ausreichende Rechtsgrundlage personenbezogene Daten von Facebook-Nutzern aus der EU in seine US-amerikanischen Rechenzentren transferiert haben soll" (Bleich 2023).

Die DSGVO gilt – trotz Kritik und weiter andauernder politischer Diskussionen – als eines der strengsten und fortschrittlichsten Datenschutzgesetze der Welt. Der Weg bis zur Verabschiedung war lang: Viele große Technologieunternehmen fürchteten die drohenden Einschränkungen der kommerziellen Datennutzung[10].

Plattformen werden insbesondere dahingehend kritisiert, dass sie die Verantwortung auf ihre Nutzer:innen abwälzen. Diese haben oft nur die Wahl, in die Datenverarbeitung einzuwilligen oder nicht teilhaben zu können. Der Jurist Malte Engeler erklärt, dass Datenschutzgesetze wirkungslos werden, wenn sie auf die Formalität der Einwilligung reduziert werden, die ihrerseits wiederum ökonomischen Zwängen unterliegt (Engeler 2022). Die informationelle Integrität müsse stärker ins allgemeine Bewusstsein vordringen und Datenschutz weniger als abstraktes Recht auf informationelle Selbstbestimmung, sondern als Recht auf „Unversehrtheit des digitalen Körpers" wahrgenommen werden – dies sei Grundvoraussetzung für eine freie und nachhaltige Gesellschaft (ebd.).

Digital Markets Act (DMA)

Das europäische *Gesetz über digitale Märkte*[11] das Ende 2022 in Kraft getreten ist, schafft Regularien für digitale Gatekeeper. Als solche werden Konzerne mit einer

---

[9] Aktuelle Verstöße nachzulesen im Bußgeldradar: https://www.datenschutzkanzlei.de/bussgeld-radar/.

[10] Die Vereinigten Staaten, in denen die meisten dieser Firmen sitzen, hatten zu der Zeit kein Äquivalent zu Europas Datenschutzgesetz. Die Privatsphäre wurde höchstens in spezifischen Fällen (Kranken- und Finanzunterlagen) rechtlich zugesichert, Unternehmen konnten davon abgesehen uneingeschränktes Data Mining mit nur Take-it-or-leave-it-Abfragen durchführen.

[11] Vollständiger Text einsehbar hier:
https://eur-lex.europa.eu/legal-content/DE/TXT/HTML/?uri=CELEX:32022R1925,

festgelegten Marktkapitalisierung[12] definiert, die eine digitale Plattform kontrollieren, über eine starke Wirtschaftsposition verfügen und „erheblichen Einfluss auf den Binnenmarkt" haben (Artikel 3). Das Gesetz bezieht sich neben sozialen Netzwerken auch auf Vermittlungsdienste, Suchmaschinen, Video-Sharing-Plattformen, Instant Messenger, virtuelle Assistenten, Marktplätze, Cloud-Dienste, Werbenetzwerke und Betriebssysteme und zielt darauf ab, die Marktmacht großer Technologieunternehmen zu begrenzen und sicherzustellen, dass der digitale Markt fair und wettbewerbsfähig bleibt:

- **Verbot wettbewerbswidriger Praktiken** wie beispielsweise das bevorzugte Bewerben eigener Produkte oder Dienstleistungen auf Kosten anderer Anbieter.
- **Interoperabilität und Datenaustausch** sollen grundsätzlich möglich sein, um Abhängigkeiten von einzelnen Plattformen zu reduzieren.
- **Portabilität von Daten:** Gatekeeper-Plattformen müssen sicherstellen, dass Nutzer:innen ihre Daten leicht von einer Plattform zur anderen mitnehmen können.
- **Veröffentlichung von Pflichtinformationen** wie Algorithmen und Geschäftspraktiken.
- **Aufsichtsbehörden** auf nationaler Ebene sollen die Einhaltung der Vorschriften überwachen und bei Verstößen Sanktionen verhängen.

Digital Services Act (DSA)
Das europäische *Gesetz über digitale Dienste*[13] das Ende 2022 in Kraft getreten ist[14], zielt auf die Regulierung und Verantwortlichkeit von Online-Diensten und -Plattformen ab. Das beinhaltet insbesondere:

- **Transparenz und Berichtspflichten** über Meldungen und Maßnahmen in Bezug auf rechtswidrige Inhalte. Algorithmen sehr großer Plattformen müssen der Europäischen Kommission und den Mitgliedsstaaten zugänglich gemacht werden.

---

[12] Jahresumsatz von mind. 7,5 Mrd. EUR oder Marktwert mind. 75 Mrd. EUR in den vergangenen drei Jahren, mindestens 45 Mio in der EU niedergelassene monatlich aktive Endnutzer:innen und in mindestens drei Mitgliedstaaten der EU einen oder mehr zentrale Plattformdienste kontrollieren.

[13] Vollständiger Text einsehbar hier:
https://eur-lex.europa.eu/legal-content/DE/TXT/HTML/?uri=CELEX:32022R2065,

[14] Anwendung ab Februar 2024, daher kann über die Auswirkungen des Gesetzespakets zum Zeitpunkt dieser Arbeit noch keine Aussage getroffen werden.

- **Bekämpfung von Desinformation und Hassrede:** Plattformen müssen Maßnahmen ergreifen, um die Verbreitung von Falschnachrichten und digitaler Gewalt einzudämmen.
- **Stärkere Kontrollpflichten** für Online-Marktplätze.
- **Haftungsregelungen:** Plattformen können für illegale Inhalte, die auf ihren Diensten geteilt werden, haftbar gemacht werden.
- **Verbot von Dark Patterns:** Designs, die Nutzer:innen zu einem bestimmten – für sie nachteiligen – Verhalten verleiten, sollen untersagt werden (zum Beispiel *Cookie Consent Tricking*[15]).
- **Einschränkung von personalisierter Werbung** sowie vollständiges Verbot zielgerichteter Werbung, wenn diese auf besonders sensiblen personenbezogenen Daten beruht (Ethnie, Religion, Sexualität) oder wenn die Zielgruppe einer Plattform minderjährig ist.
- **Selbstbestimmung über Inhalte:** Transparenz über Empfehlungsalgorithmen sowie Möglichkeit, Inhalte angezeigt zu bekommen, die nicht auf Profiling beruhen.

Artificial Intelligence Act (AIA)

Seit 2021 wird ein Gesetzesentwurf der Europäischen Kommission über die Regulierung von Künstliche Intelligenz (KI) diskutiert, der sich zum Zeitpunkt der Fertigstellung dieser Forschungsarbeit noch im Rechtsetzungsprozess befindet. Er soll 2024 in Kraft treten. Der AIA zielt darauf ab, einen rechtlichen Rahmen für die Entwicklung und den Einsatz von KI in der EU zu schaffen, der die ethischen und rechtlichen Aspekte berücksichtigt und die Sicherheit und Rechte der Verbraucher:innen schützt. Der Entwurf sieht bislang vor allem vor, sogenannte Hochrisiko-KI-Systeme zu definieren (beispielsweise autonomes Fahren oder medizinische Diagnoseanwendungen), die dann strengeren Anforderungen unterliegen. Außerdem sollen bestimmte Arten von KI verboten werden können, wenn sie als unannehmbar riskant oder gefährlich eingestuft werden (beispielsweise Systeme zur sozialen Punktevergabe oder zur Verhaltensmanipulation). Zusätzlich sollen Anforderungen an Datenschutz und Transparenz geregelt werden.

Plattformgesetze außerhalb der EU

Eine Studie des britischen Unternehmens Comparitech hat 47 Länder weltweit untersucht und dabei Verfassungsschutz, Datenschutzgesetze und entsprechende Aufsichtsbehörden, Videoüberwachung, Abhören von Kommunikation und staatliche

---

[15] Gemeint ist das optische Hervorheben von „Alle akzeptieren"-Buttons oder das Verstecken der Ablehnungsoptionen.

Erfassung biometrischer Daten sowie der Aufbewahrung und Übertragung von Daten betrachtet. Besonders gut schnitten dabei europäische Staaten ab[16], außerdem Südafrika, Argentinien und Kanada. Im Mittelfeld bewegten sich die USA, Japan, Taiwan und weitere, das Schlusslicht bildeten Indien, Russland und China (Bischoff 2022).

Gesetze zur Regulation von Plattformen, die mit dem DSA oder DMA vergleichbar wären, existieren in anderen Ländern der Welt bislang nicht. Allerdings hat das deutsche NetzDG einen Präzedenzfall geschaffen, an dem sich viele Staaten orientieren – häufig jedoch, um damit Zensur zu rechtfertigen. Die Nichtregierungsorganisation (NGO) Human Rights Watch berichtete von einem „Dominoeffekt", der sich auf Russland, Singapur, die Phillipinen, Venezuela und Kenia auswirke (Human Rights Watch 2018). Die Türkei hat nach einer Reihe beleidigender Tweets gegen die Familie des Präsidenten Erdogan ebenfalls im Eilverfahren ein Gesetz zur Zensur in sozialen Medien erlassen und sich dabei insbesondere auf das deutsche NetzDG als Vorbild bezogen (Windwehr & York 2020). Gesetze, die vordergründig der Regulation sozialer Medien dienen, wirken sich also nicht zwangsläufig auch auf diese und die problematischen Phänomene aus, die in Kapitel 3 beschrieben sind.

[16] Deutschland liegt dabei nur auf dem viertletzten Platz. Diese Position wird mit der verpflichtenden Speicherung von Fingerabdrücken in Personalausweisen und der Erlaubnis des Einsatzes von Kameraüberwachung mit Gesichtserkennung begründet sowie dem Umstand, dass Deutschland Mitunterzeichner des Abkommens von Prüm ist, einem Vertrag über die Vertiefung der grenzüberschreitenden Zusammenarbeit zur Bekämpfung des Terrorismus, der Kriminalität und der illegalen Migration.

5 Nachhaltigkeitskonzepte zur Digitalisierung

Neben politischen Richtlinien sind im wissenschaftlichen Umfeld Konzepte zu nachhaltigerer Digitalisierung und zum Umgang mit Plattformen entstanden (siehe auch Abschnitt 1.3). Nahezu alle betrachten neben den ökologischen Gesichtspunkten auch die gesellschaftlichen Auswirkungen von Lizenzen, Datenökonomie und Überwachung.

5.1 Digitale Nachhaltigkeit (Stürmer et al. 2017)

Stürmer, Abu-Tayeh und Myrach beschreiben in einem 2016 veröffentlichten Artikel Digitale Nachhaltigkeit als eine langfristig orientierte Herstellung und Weiterentwicklung von digitalen Wissensgütern. Die Güter („digitale Artefakte"), ihre soziotechnischen Umgebungen („Ökosysteme") und die Auswirkungen auf die Umwelt werden nach verschiedenen Maßstäben bewertet (Abbildung 5.1):

Ergänzende Information Die elektronische Version dieses Kapitels enthält Zusatzmaterial, auf das über folgenden Link zugegriffen werden kann https://doi.org/10.1007/978-3-658-46521-6_5.

J. Kollien, *Digitale Nachhaltigkeit als Leitmotiv für Kommunikationsplattformen*, BestMasters, https://doi.org/10.1007/978-3-658-46521-6_5

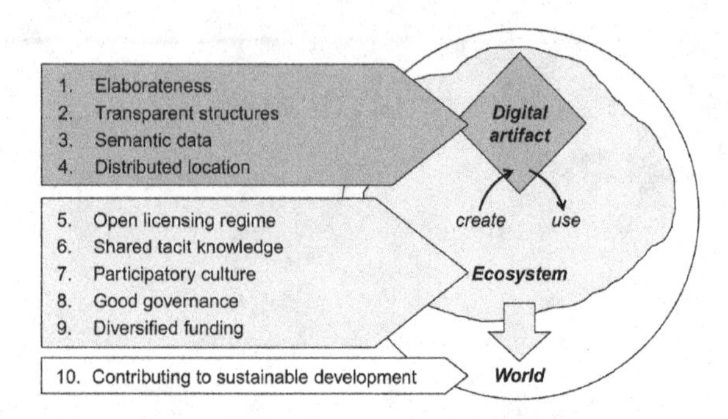

Abbildung 5.1 Voraussetzungen für digitale Nachhaltigkeit. Stürmer et al. 2017

Das Konzept behandelt die Tragik der Anti-Allmende[1] und fokussiert sich auf die Herstellung, Entwicklung, Erhaltung und Sicherstellung des Zugangs zu digitalen Wissensgütern (Stürmer et al. 2016: 251). Es werden zehn Voraussetzungen für digital nachhaltige Güter und ihre Ökosysteme genannt.

Eigenschaften des digitalen Guts

1. Elaborateness – Ausgereiftheit:
   Qualitative Hochwertigkeit durch saubere Programmierung, sichere und korrekte Funktionsweise, Erfüllen aller Anforderungen.
2. Transparent structures – Transparente Strukturen:
   Technische Transparenz und Möglichkeit zur Kontrolle und zu Verbesserungen durch vollständige Offenlegung des Quellcodes in einem offenen Format.
3. Semantic data – Semantische Daten:
   Informationen müssen maschinenlesbar sein und durch semantische Daten miteinander verknüpft, um weiterverarbeitet und interpretiert werden zu können.

[1] Die *Tragik der Allmende* bezeichnet eine Übernutzung von frei zugänglichen, aber begrenzten Ressourcen, was vor allem die Nutzer:innen selbst bedroht. Beispiele: Waldrodung, Überfischung, Wilderei. Im Gegensatz dazu stellt die *Tragik der* ***Anti****-Allmende* eine Unternutzung von Gütern durch zu viele Rechteinhaber dar, die sich gegenseitig ausschließen. Beispiele: Leerstände aufgrund fragmentierten Eigentumsrechts, hohe Lizenzgebühren und (Software-)Patente. Siehe hierzu auch Abschnitt 3.4.3.

4. Distributed location – verteilte Standorte:
   Reduktion der Abhängigkeit von einem Standort durch Redundanz und dezentrale Bereitstellung.

Eigenschaften des Ökosystems

5. Open licensing regime – freie Lizenz:
   Die Lizenz muss eine beliebige Anwendung, Änderung und Weiterverbreitung zulassen.
6. Shared tacit knowledge – geteiltes Wissen:
   Unabhängigkeit von Wissen und Erfahrung einzelner Personen oder Firmen durch Verteilung der Arbeit.
7. Participatory culture – Partizipationskultur:
   Offene Community hinter der Weiterentwicklung, Möglichkeit zur Einbringung von Kompetenzen, Kontrolle durch Peer-Reviews.
8. Good governance – faire Führungsstrukturen:
   Dezentrale Verteilung der Kontrolle über digitale Güter.
9. Diversified funding – breit abgestützte Finanzierung:
   Unabhängigkeit und Reduktion von Interessenskonflikten durch (finanzielle) Bereitstellung von Infrastruktur und Personal durch mehrere Akteure.

Auswirkungen auf die Gesellschaft

10. Contributing to sustainable development – Beitrag zur nachhaltigen Entwicklung:
    Digitale Güter müssen nachhaltig produziert werden (erneuerbare Energie, fair entlohnte Arbeitskräfte) und positive ökologische, ökonomische und soziale Auswirkungen haben.

Die Autor:innen beziehen sich in ihren Begründungen der Kriterien auf 26 andere Publikationen (Stürmer et al. 2016: 253) und wenden die Kriterien an den Beispielen Linux, Bitcoin, Wikipedia und der Linking Open Drug Data (LODD) an. Bei der Bewertung der Auswirkungen auf Umwelt und Gesellschaft werden vor allem soziale Faktoren wie Teilhabe oder freier Zugang zu Wissen bewertet.

5.2 Leitprinzipien zukunftsfähiger Digitalisierung (Lange & Santarius 2018)

In dem 2018 erschienenen Buch *Smarte grüne Welt: Digitalisierung zwischen Überwachung, Konsum und Nachhaltigkeit* setzen sich Tilman Santarius und Steffen Lange mit den sozialökologischen Auswirkungen der Digitalindustrie auseinander. Dabei betrachten sie insbesondere Energieverbrauch, Big Data und Konsum sowie Machtmonopole und soziale Ungleichheit. Ihr Fazit ist, dass Klimaschutz und soziale Gerechtigkeit untrennbar miteinander verwoben sind und Produktion und Konsum grundsätzlich umgestaltet werden müssen, um die bestehenden sozial-ökologischen Herausforderungen zu meistern (Lange & Santarius 2018: 8 f., 199 ff.). Die von ihnen entwickelten „Leitprinzipien einer zukunftsfähigen Digitalisierung“ (Lange & Santarius 2018: 143–166) legen besonderes Gewicht auf Suffizienz, Datenschutz und Kollaboration:

1 **Digitale Suffizienz**
Motto: So viel Digitalisierung wie nötig, so wenig wie möglich.
Gesellschaftliche Probleme lassen sich nicht allein durch Technologien, sondern nur im Zusammenspiel mit Verhaltensänderungen lösen. Lange und Santarius beschreiben Suffizienz als Verhalten, bei dem zum einen weniger konsumiert wird, zum an nicht nachhaltiges Verhalten durch nachhaltigeres ersetzt wird.

(1) Techniksuffizienz
Konzeption von Informations- und Kommunikationssystemen dahingehend, dass so wenig Hardware wie möglich produziert und ersetzt werden muss und Software auch ältere Geräte noch lange unterstützt. Außerdem Bemühungen um nachhaltige Herstellung, Reparierbarkeit und Modularität.

(2) Datensuffizienz
Verzicht auf überflüssigen Datenverkehr, nebensächliche Hintergrunddienste und ständige Cloud-Synchronisation. Default-Einstellungen sollten immer datensparsam sein (*Sufficiency by design*).

(3) Nutzungssuffizienz
Verhaltensänderung bezüglich der Nutzung digitaler Geräte: Minimierung von Dauernutzung und Konsum auf Kosten von Menschen im Globalen Süden und der Umwelt.

2 **Konsequenter Datenschutz**
Motto: Wessen Daten? Unsere Daten.
Lange und Santarius beschreiben den Schutz von Privatsphäre und Meinungsfreiheit als unveräußerliche Menschenrechte und Grundbedingungen für funktionierende Demokratien. Übermäßige Datenkonzentration ermöglicht Meinungsmanipulation und unterwandert die Handlungsautonomie von Individuen.

(1) Datensuffizienz
Datensparsamkeit schont nicht nur Ressourcen und Energie (siehe Leitprinzip 1), sondern schützt Menschen und ihre Privatsphäre und verhindert Beeinflussung.
(2) Privacy by design
Gestaltungsprinzip, bei dem Datenschutz zentral ist und so programmiert wird, dass Daten anonymisiert beziehungsweise im besten Fall gar nicht erst erhoben werden.
(3) Dateneigentum den Nutzer:innen
Datenschutzregeln müssen für privatwirtschaftliche Unternehmen mindestens genauso streng gelten wie für öffentliche Institutionen. Die Souveränität über die eigenen Daten muss bei den Nutzer:innen liegen.

3 **Gemeinwohlorientierung**
Motto: Kollaborativ statt kapitalistisch.
Gerechtere Verteilung von Kosten und Gewinnen der Digitalisierung und Sicherung der Teilhabe für alle.

(1) Internet als Commons
Das Netz sollte als virtuelle Allmende betrachtet werden, also ein Raum, der allen gehört. Die 'Kolonialisierung' durch große Tech-Unternehmen gefährdet die Rolle der gestaltenden und im Mittelpunkt stehenden Nutzer:innen.
(2) Open Source
Open-Source-Software und -Hardware sind nicht nur für die Entwicklung zu mehr Techniksuffizienz wichtig, sondern auch ein wichtiger Bestandteil von Gemeinwohlorientierung, Kollaboration und demokratischen Wirtschaftens.
(3) Kooperative Plattformen
Netzwerkeffekte führen zu Monopolstellung großer Plattformen, die kleinere Konkurrenten verdrängen. Kooperative Plattformen sind gekennzeichnet von gemeinschaftlichem Besitz und demokratischer Mitbestimmung und können beispielsweise genossenschaftlich getragen werden.

Lange und Santarius plädieren für eine „sanfte Digitalisierung", damit bestehende sozialökologische Krisen nicht weiter befeuert werden. Um die Potenziale der Digitalisierung überhaupt nutzen zu können, müssen diese „viel mehr, viel selektiver und viel kritischer von Politik und Gesellschaft gestaltet werden, als es derzeit der Fall ist". Die hohe Geschwindigkeit der technischen Entwicklungen sei vielleicht „eher Teil des Problems als Teil der Lösung" (Lange & Santarius 2018: 200 f.).

5.3 Nachhaltigkeit bei Plattform-Software (AK Nachhaltigkeit GI 2022)

Der Arbeitskreis *Nachhaltigkeit* der Gesellschaft für Informatik e. V. hat einen Kriterienkatalog erarbeitet, der den Themenbereich etwas spezifischer umfasst und sich vorrangig auf digitale Plattformen konzentriert. Das Diskussionspapier, das zum Zeitpunkt der Entstehung dieser Arbeit noch weiterentwickelt wird[2] erläutert die zehn Kriterien, die sich insbesondere am „moralischen Kompass" der WBGU und an den SDG (siehe Abschnitt 2.1.4) orientieren:

Erhaltung der natürlichen Lebensgrundlagen

1. Angemessene Voreinstellungen
Die Standard-Einstellungen von Plattformen sollten auf geringen Energieverbrauch, Datensparsamkeit und Barrierefreiheit ausgerichtet sein, zum Beispiel durch eine minimale, statische Startseite möglichst ohne Einbindung externer Inhalte, die auf allen Geräten und in allen Browsern angezeigt werden kann.
2. Geringer Energieverbrauch
Software sollte in der Nutzungsphase möglichst wenig Energie verbrauchen, indem zum Beispiel auf unnötige Features, das Einbinden von hochaufgelösten Videos, Tracking oder häufige Synchronisation verzichtet wird.
3. Langlebigkeit/Update-Fähigkeit
Plattformsoftware sollte updatefähig und anpassbar sein, unabhängig von den Entwickler:innen, das bedeutet: quelloffen und gut dokumentiert, ohne Lizenzmodelle, die ein Übertragen auf andere Systeme verhindern.

[2] Stand Oktober 2023, fortlaufende Aktualisierung: https://ak-nachhaltigkeit.gi.de,

Gewährleistung substanzieller, politischer und ökonomischer Teilhabe

4. Barrierefreiheit
   Accessibility by design für Menschen mit körperlichen Einschränkungen, zum Beispiel durch Unterstützung von Screen Readern, Gebärden oder einfacher Sprache. Doch auch soziale Barrieren wie geringe Bandbreite sollten bedacht werden. Software sollte Text und Layout trennen, Bildbeschreibungen anbieten, logisch und hierarchisch aufgebaut sein, skalierbar und für verschiedene Betriebssysteme und Endgeräte verfügbar sein.
5. Nutzungsautonomie
   Software sollte möglichst viel technische und informationelle Selbstbestimmung zulassen. Dies beinhaltet Transparenz, offene Schnittstellen, Interoperabilität, regelmäßige (Sicherheits-)Updates, Wiederherstellbarkeit nach Absturz, Deinstallierbarkeit, Datenwiederherstellbarkeit, Offlinefähigkeit und Modularität.
6. Freie Software
   Plattformsoftware sollte unter einer freien Lizenz stehen stehen, das bedeutet, sie muss die Freiheiten gewähren, beliebig ausgeführt, genutzt, verändert und weitergegeben werden zu dürfen.
7. Plattformunabhängigkeit
   Software sollte auf verschiedenen (Hardware-)Plattformen und Betriebssystemen laufen können, ohne dass eine Abhängigkeit von einem bestimmten Betriebssystem oder einer Plattform besteht.

Vielfalt als Bedingung für Lebensqualität und Wohlbefinden

8. Datensparsamkeit
   Auch der AK Nachhaltigkeit der GI fordert *privacy als design* als Grundprinzip: Datenerhebung soll auf das technisch notwendige beschränkt sein. Plattformen sollen eine anonyme oder pseudonyme Nutzung ermöglichen und Transparenz über die gespeicherten Daten schaffen. Desweiteren sollten die erhobenen Daten übertragbar sein, vor Fremdzugriffen geschützt und auf Wunsch komplikationslos gelöscht werden.
9. Minimales Tracking
   Plattformen sollten soweit wie möglich auf das Erfassen, Aufzeichnen und Auswerten von Daten verzichten – insbesondere über mehrere Anwendungen und Geräte hinweg – und über notwendiges Tracking informieren und die Einwilligung der Nutzer:innen einholen.

10. Angemessene Online-Werbung
    Plattformen dürfen ihre Nutzer:innen nicht zum Ansehen von Werbung zwingen und müssen Anzeigen unmissverständlich als solche kennzeichnen. Außerdem sollte vollständig auf personalisierte Werbung und *Ad Technology* (Monitoring, Datamining, Analytics) verzichtet werden.

Der AK *Nachhaltigkeit* der GI legt mit seinem Diskussionspapier vor allem Gewicht auf eine selbstbestimmte, barrierefreie und ressourcenschonende Nutzung von Software ohne Tracking oder Werbung und plädiert für einen aktiven Support kleinerer und/oder lokaler Plattformen.

Darüber hinaus schlagen die Autor:innen des Arbeitskreises ebenfalls vor, das übliche Drei-Säulen-Modell der Nachhaltigkeit um die Dimension der informationellen Nachhaltigkeit – Bildung, Information, Langzeitarchivierung, Öffentlichkeit, demokratische Prozesse – zu ergänzen (AKNHGI 2022: 5). Siehe hierzu auch Abschnitt 2.7.

5.4 Analyse & Vergleich

Ein Vergleich der vorgestellten Konzepte zeigt zunächst ihre unterschiedliche Gewichtung. Jedes der Konzepte betrachtet die Nachhaltigkeitsproblematik aus einem anderen Blickwinkel heraus. Während Stürmer et al. das digitale Gut als solches in den Blick nehmen – das beinhaltet Betriebssysteme oder Gerätetreiber ebenso wie Datenbanken, Webseiten und Apps – betrachten Lange und Santarius eher die in den letzten Jahrzehnten gewachsene Digitalindustrie und deren Auswirkungen auf Klima, Ressourcenverbrauch, Arbeitsbedingungen und Ungleichheiten. Der AK *Nachhaltigkeit* der GI konzentriert sich hingegen ausschließlich auf Software, auf der Plattformen laufen, und orientiert sich als einziger an den SDG.

Bei den vorgestellten Konzepten handelt es sich um die einzigen bislang existierenden Konzepte zum vorliegenden Forschungsthema, die eindeutige Kriterien entwickelt haben. Aus dem jeweiligen wissenschaftlichen Schwerpunkt und der Herangehensweise lässt sich eine Hierarchie der Konzepte abbilden, bei dem jeweils ein Konzept eine thematische Untermenge eines anderen darstellt, wie in Abbildung 5.2 verdeutlicht. Ein Konzept für digitale Nachhaltigkeit bei Kommunikationsplattformen, das in dieser Arbeit entwickelt wird, ist das nächste logische Glied in der Kette.

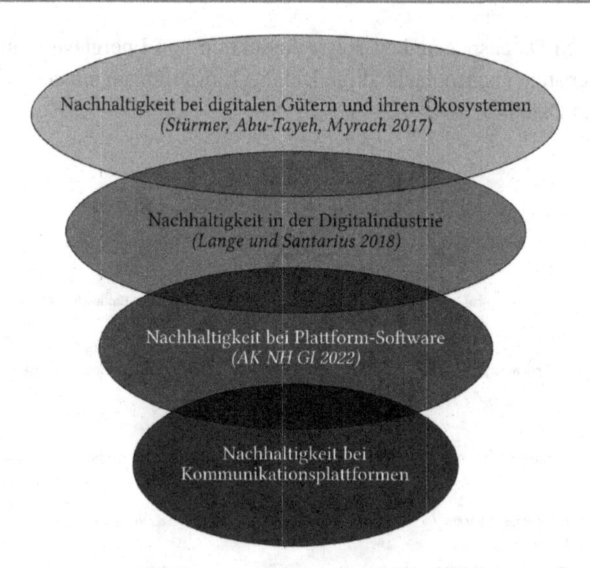

Abbildung 5.2 Hierarchie der Konzepte für digitale Nachhaltigkeit. (Eigene Darstellung)

Im folgenden werden die zentralen Kriterien aller drei Konzepte analytisch auf ihre grundlegende Aussage reduziert und anschließend Mehrfachnennungen hervorgehoben. Die Auswertungstabellen zu diesem Arbeitsschritt sind in Anhang I im elektronischen Zusatzmaterial einsehbar.

Kriterien wie „Open Source“ und „Freie Software“ wurden dabei als „FOSS“ zusammengefasst, ebenso „Geteiltes Wissen“, „Partizipationskultur“ und „Kooperation“ unter „Community“. Der von Lange und Santarius zwei mal verwendete Begriff „Datensuffizienz“ (Lange & Santarius 2018: 151 f., 158) wurde in der Auswertung – entsprechend seiner inhaltlichen Bedeutung – in „Datensparsamkeit“ und „Datenschutz“ aufgeteilt.

Abbildung 5.3 zeigt die grafisch aufbereiteten Ergebnisse. Die Konzepte betrachten neben ökologischen Aspekten wie der Einsparung von Energie, langlebigerer Hardware oder einem positiven sozialökologischen Beitrag vor allem soziale und informationelle Faktoren. Dazu gehören Nutzungsautonomie, Barrierefreiheit, weniger Werbung und Datenschutz. Es zeigt sich, dass auch bei unterschiedlicher Perspektive bestimmte Kriterien in allen Konzepten vorkommen und hoch bewertet werden. Alle drei Konzepte sehen in Quelloffenheit und freien Lizenzen einen wichtigen Nachhaltigkeitsbeitrag. Unabhängigkeit von Tech-Unternehmen, eine aktive Mitgestaltung und besserer Datenschutz werden ebenfalls von allen drei Konzepten genannt. Auch Datensparsamkeit sowie Reduktion von Energieverbrauch werden mehrfach genannt, ebenso nachhaltige Default-Einstellungen hinsichtlich Energieeffizienz und Datenschutz.

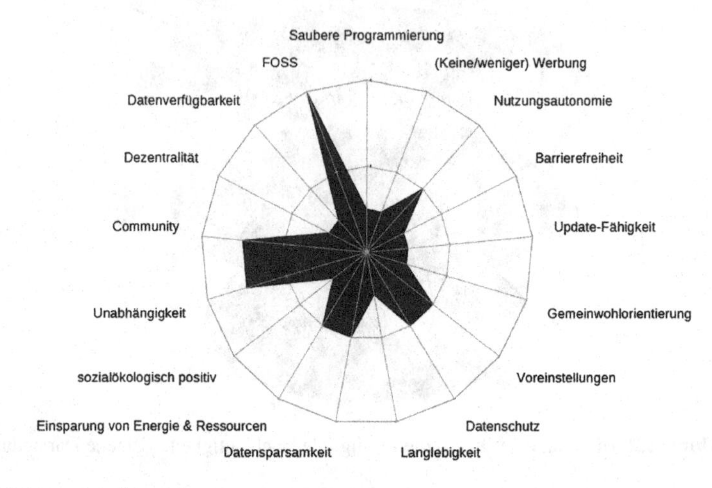

Abbildung 5.3 Überschneidungen von Kernpunkten der Nachhaltigkeitskonzepte

Diese Ergebnisse decken sich mit dem Gesamteindruck der recherchierten Publikationen. Insbesondere die positive Erwähnung von FOSS, Datenschutz und Unabhängigkeit findet sich in zahlreichen weiteren wissenschaftlichen Veröffentlichungen.

Durch die Analyse der vorgestellten Konzepte konnte eine Grundlage an Argumenten geschaffen werden, die im späteren Verlauf der Beantwortung der Forschungsfragen dient. Um eigenständige Kriterien für digitale Nachhaltigkeit bei Kommunikationsplattformen entwickeln zu können, werden in einem weiteren Schritt Expert:innen aus dem wissenschaftlichen Umfeld konkret zu ihrer Einschätzung befragt.

6 Der Expert:innen-Rat: Leitfaden-Interviews

Interviews mit Expert:innen sind als Methode besonders von Interesse, weil davon ausgegangen wird, dass ihr Wissen konstitutiv für das Funktionieren moderner Gesellschaften ist, auch wenn es keineswegs immer eindeutig, einmütig und systematisch dem Laienwissen überlegen ist (Bogner et al. 2014: 4). Robert Kaiser definiert qualitative Experteninterviews als ein „systematisches und theoriegeleitetes Verfahren der Datenerhebung in Form der Befragung von Personen, die über exklusives Wissen [...] oder über Strategien, Instrumente und die Wirkungsweise [...] verfügen." (Kaiser 2021: 16) Im Gegensatz zu narrativen oder ethnographischen Interviews stehen beim Experteninterview nicht die Befragten mit ihrer Biographie im Vordergrund, statt dessen ist der Fokus auf deren Einschätzung spezifischer Probleme gerichtet (Liebold & Trinczek 2009: 35).

Zu der Annahme, dass Expertenwissen in einem gewissen Sinne auch von der Person losgelöst und verallgemeinert betrachtet werden kann, ergänzt Cornelia Helfferich: „Sowohl die historische Wandelbarkeit von Expertenwissen als auch die Differenzen in den Meinungen innerhalb der Gruppe von Experten und Expertinnen zeigen, dass die beanspruchte Verallgemeinerbarkeit des Expertenwissens nicht mit einer Objektivität der Meinung gleichgesetzt werden kann und auch in Experteninterviews subjektive Deutungen gefunden werden." (Helfferich 2019: 570). Helfferich beschreibt außerdem zwei grundsätzliche Überlegungen: Die mögliche

---

Ergänzende Information Die elektronische Version dieses Kapitels enthält Zusatzmaterial, auf das über folgenden Link zugegriffen werden kann https://doi.org/10.1007/978-3-658-46521-6_6.

J. Kollien, *Digitale Nachhaltigkeit als Leitmotiv für Kommunikationsplattformen*, BestMasters, https://doi.org/10.1007/978-3-658-46521-6_6

Beeinflussung[1] und Steuerung der interviewten Person sowie die Gestaltung der an dem Interview beteiligten Rollen (Helfferich 2019: 564). Im Gegensatz zur Frage nach der Steuerung ist die Rollengestaltung bereits festgelegt: Bereits die Anfrage schreibt den potenziellen Interviewpartner:innen einen Expertenstatus zu, der seinerseits eine Macht- bzw. Wissensasymmetrie festlegt (Helfferich 2019: 560).

Liebold und Trinczek geben zu bedenken, dass Expertenwissen nicht als abrufbares Rezeptwissen zu betrachten ist: Nicht alles, was ihr Denken und Handeln beeinflusse, gehöre zum bewussten Wissensrepertoire der befragten Expert:innen. Es sei Aufgabe der sozialwissenschaftlich Interpretierenden, den „impliziten Hintergrund des Handelns“ zu entdecken und interpretativ zu rekonstruieren (Liebold & Trinczek 2009: 35).

6.1 Aufbau der Interviews

Hinsichtlich einer sinnvollen Ausgestaltung der Interviews für diese Arbeit werden verschiedene Orientierungsfragen zugrunde gelegt:

1. **Wer soll befragt werden?**
   → Auswahl der Expert:innen nach vorher festgelegten Kriterien
2. **Welche Fragen sollen gestellt werden?**
   → Erstellung eines Leitfadens unter Berücksichtigung vorher festgelegter Regeln
3. **Wo und in welchem Umfang sollen die Interviews durchgeführt werden?**
   → Festlegung von Ort und Dauer der Erhebungssituation
4. **In welcher Form sollen die Daten aufbereitet werden?**
   → Festlegung einer Transkriptionsvariante sowie aller notwendigen Werkzeuge
5. **Wie sollen die Ergebnisse ausgewertet werden?**
   → Gestaltung einer Auswertungsmatrix

[1] Eine Beeinflussung der Befragten findet im Grunde genommen bereits in dem Moment statt, in dem das Forschungsvorhaben offenbart wird. Die Expert:innen werden dann davon ausgehen, dass eine grundlegende Sensibilität für das Thema vorhanden ist. Das führt unter Umständen dazu, dass die Expert:innen sich ausführliche Erklärungen zu den Zusammenhängen vielleicht sparen oder es wird ein gemeinsamer Erfahrungshintergrund angenommen und beispielsweise ein Verständnis für bestimmte Fachtermini vorausgesetzt. Da diese Einflussfaktoren jedoch hinsichtlich des Forschungsinteresses dieser Arbeit keine problematische Voreingenommenheit erzeugen dürften, wurde bereits in der Anfrage erläutert, worum es bei der Befragung geht.

6.1.1 Auswahl der Expert:innen

Vor der Auswahl der Personen, die für ein Interview in Frage kommen, ist zunächst eine tragfähige Eingrenzung des Expertenstatus notwendig. Liebold und Trinczek beschreiben Adressaten von Experteninterview zum einen als „Funktionseliten innerhalb eines organisatorischen und institutionellen Kontextes", zum anderen „gelten diejenigen Personen als Experten, die über einen privilegierten Zugang zu Informationen hinsichtlich Personengruppen und Entscheidungsprozesse verfügen" (Liebold & Trinczek 2009: 35). Der Begriff der „Elite" taucht auch bei Bogner et al. auf, grenzt dort jedoch einen kleineren, sehr machtvollen Teil der Menschen mit Expertenwissen ein, der vor allem über Kontakte, Netzwerke und damit – zum Beispiel politische – Einflussmöglichkeiten verfügt (Bogner et al. 2014: 14 f.). Als Expert:innen definieren Bogner et al. „Personen […], die sich – ausgehend von einem spezifischen Praxis- oder Erfahrungswissen, das sich auf einen klar begrenzbaren Problemkreis bezieht – die Möglichkeit geschaffen haben, mit ihren Deutungen das konkrete Handlungsfeld sinnhaft und handlungsleitend für andere zu strukturieren." (ebd.) Przyborski und Wohlrab-Sahr fassen Expert:innen als Personen zusammen, „die über ein spezifisches Rollenwissen verfügen, solches zugeschrieben bekommen und eine darauf basierende besondere Kompetenz für sich selbst in Anspruch nehmen." (Przyborski & Wohlrab-Sahr 2008: 133). Helfferich ergänzt, das „Rollenwissen kann außer mit Berufsrollen auch mit spezialisiertem, außerberuflichem Engagement verbunden sein. Diese Definition eröffnet die Möglichkeit […], Privatpersonen, die sich in spezifischen Segmenten in besonderer Weise engagiert und dort Erfahrungen gesammelt haben, als Experten zu interviewen." (Helfferich 2019: 571).

Um an alle in Frage kommenden Personen etwa den gleichen Maßstab hinsichtlich ihrer Eignung als Expert:in anlegen zu können, wurde ein kurzer Kriterienkatalog erstellt. Mindestens drei der folgenden vier Kriterien müssen zutreffen, damit von einem „Expertenstatus" im Rahmen des Forschungsinteresses ausgegangen werden kann (Tabelle 6.1):

Tabelle 6.1 Kriterien zur Auswahl der Expert:innen

K1	Abgeschlossenes Studium der Informatik, Soziologie, Ökologie, Medien-/Kommunikations-/Politikwissenschaften, Umwelttechnik, Data Science, Nachhaltigkeitsmanagement, oder vergleichbarem.
K2	Intensive Beschäftigung mit der Überschneidung von digitalen und Nachhaltigkeitsthemen seit mindestens 2–3 Jahren.
K3	Persönliches und/oder berufliches Engagement im Bereich digitaler Nachhaltigkeit, z. B. durch Vorträge, Aktivismus oder Forschung.
K4	Mindestens eine Veröffentlichung eines wissenschaftlichen Artikels zum Themenbereich digitale Transformation und Nachhaltigkeit.

Expert:innen

Im Rahmen dieser Arbeit stellten sich für ein leitfadengestütztes Interview freundlicherweise zur Verfügung:

Dr. Johanna Pohl, Umweltingenieurin mit Forschungsschwerpunkt in Umwelt- und Nachhaltigkeitsbewertung von Prozessen, nachhaltiger Digitalisierung und sozial-ökologischer Transformation. Wissenschaftliche Mitarbeiterin in der Forschungsgruppe *Digitalisierung und sozial-ökologische Transformation* an der TU Berlin.

Dr. Anne Mollen, Kommunikationswissenschaftlerin mit Forschungsschwerpunkt Digitalisierung und Nachhaltigkeit, sozio-technischen Systemen und datenzentrierten Technologien. Wissenschaftliche Mitarbeiterin im Institut für Kommunikationswissenschaft an der Uni Münster sowie Senior Research Associate bei AlgorithmWatch insbesondere zu ADM-Systemen.

Rainer Rehak, Informatiker mit Forschungsschwerpunkt IT-Sicherheit, Nachhaltigkeit, digitale Ethik und gesellschaftlichem Datenschutz. Wissenschaftlicher Mitarbeiter am Wissenschaftszentrum Berlin für Sozialforschung und in der Gruppe *Digitalisierung, Nachhaltigkeit und Teilhabe* am Weizenbaum-Institut, Sachverständiger für den Deutschen Bundestag sowie Mitinitiator der *Bits&Bäume*-Fachkonferenz.

Dr. Eva Kern, Medieninformatikerin mit Forschungsschwerpunkt in Nachhaltigkeitsbewertung und -kommunikation von Softwareprodukten, Mitarbeit im Projekt *Blauer Engel für Anwendungssoftware*. Lehrbeauftragte an der Leuphana Universität im Fachgebiet Nachhaltigkeitskommunikation.

Dr. Malte Engeler, Jurist mit Forschungsschwerpunkt Datenschutz(gesetze), Richter am Schleswig-Holsteinischen Verwaltungsgericht, Sachverständiger im Deutschen Bundestag, Gastautor bei netzpolitik.org und Referent bei Talks und Panels zum Thema Datensouveränität und digitaler Nachhaltigkeit.

Dr. Maximilian Blum, Biowissenschaftler und wissenschaftlicher Mitarbeiter in der Linksfraktion im Bundestag, Mitglied des Vorstands der Bundesarbeitsgemeinschaft Netzpolitik der Partei Die LINKE, mit den Schwerpunkten nachhaltige Netzpolitik, Open Data, Creative Commons, digitale Monopole und Teilhabemodelle.

Dr. Nicolas Guenot, Informatiker mit Schwerpunkt auf gesellschaftspolitische Aspekte der Digitalisierung, Teil des Teams beim *Konzeptwerk Neue Ökonomie* und Mitorganisator der Bits&Bäume-Konferenz, beschäftigt sich mit nachhaltiger Technik und digitalem Kapitalismus.

Prof. Dr. Matthias Stürmer, Wirtschaftsinformatiker mit Forschungsschwerpunkt digitale Nachhaltigkeit, Open Source Software, künstliche Intelligenz und Machine Learning. Professor an der Berner Fachhochschule sowie Leiter der Forschungsstelle *Digitale Nachhaltigkeit* am Institut für Informatik der Universität Bern. Präsident des *Digital Impact Network* und von *CH Open*, Vorstandsmitglied von *Opendata.ch*, Geschäftsleiter der Parlamentarischen Gruppe Digitale Nachhaltigkeit *Parldigi* in der Schweiz.

6.1.2 Erstellung des Leitfadens

Der Aufbau des Leitfaden selbst sollte nach dem bereits genannten Prinzip „so offen wie möglich, so strukturiert wie nötig" gestaltet sein, wobei die Vor- und Nachteile einer festen Struktur abgewogen werden müssen: Eine zu starke Strukturierung könnte dazu führen, dass die Antworten lediglich ein Echo auf die gestellten Fragen sind. Eine zu schwache Strukturierung hingegen könnte dazu führen, dass für die Forschungsfrage wichtige Themen nicht zur Sprache kommen.

Bezüglich der Vorstrukturierung von Interviews beschreibt Helfferich einige grundlegende Faktoren, die zu beachten sind (Helfferich 2019: 561–565):

- Das Interview muss als Kommunikationssituation verstanden werden, in der interaktiv ein Text erzeugt wird, der im Entstehungskontext betrachtet werden muss.

- Qualitative Interviews sollten weder zu viel vorgeben noch auf eine reine Bestätigung bereits vorhandenen Wissens abzielen.
- Die nötige Offenheit wiederum wird insoweit beschnitten, wie es das Forschungsinteresse begründet. Je stärker dieses auf konkrete, offen erhobene Informationen ausgerichtet ist, desto mehr Vorgaben sind gerechtfertigt.
- Es besteht zum einen eine Asymmetrie zwischen Interviewenden und Interviewten, zum anderen entscheidet möglicherweise unbewusst z.B. die Dimension eines gemeinsamen Erfahrungshintergrundes darüber, welche Themen ausgeführt werden.

Gemäß dieser Faktoren wurde ein Leitfaden erstellt und dieser für alle acht Interviews verwendet. Abweichungen könnten sich durch die unterschiedliche Interaktion oder durch gezielte Nachfragen ergeben, was durch das Prinzip der Offenheit gerechtfertigt ist (ebd.).

Vor Beginn des eigentlichen Interviews sollte Zeit eingeplant sein, um den Befragten für Ihre Bereitschaft zu danken und um eine Aufzeichnung des Gesprächs zu bitten. Speziell bei Videokonferenzen müssen ggf. technische Anlaufschwierigkeiten mitbedacht werden. Aus diesen organisatorischen Aspekten, Leitfragen und Erzählaufforderungen ergibt sich in Anlehnung an Helfferich folgendes Leitfadenschema inklusive einer groben zeitlichen Abschätzung (Helfferich 2019: 568) (Tabelle 6.2):

Tabelle 6.2 Leitfaden für die qualitative Befragung

Interview- Leitfaden		
Begrüßung, Vorstellung, ggf. technische Fragen		3 min
Einverständnis zur Aufzeichnung einholen, über Speicherung/Löschung der Dateien aufklären		1 min
Q1	„Nachhaltigkeit" beschreibt ein Verhaltensprinzip, bei dem begrenzte Ressourcen in einem Maße genutzt werden, bei dem eine dauerhafte Bedürfnisbefriedigung auch künftiger Generationen gewährleistet ist. Wenn wir von Social-Media-Plattformen sprechen, die v.a. mit Daten arbeiten, was sind hier die schützenswerten Ressourcen?	5 min
	Hinweise: ökologische/ökonomische/soziale/informationelle Dimension	

(Fortsetzung)

Tabelle 6.2 (Fortsetzung)

INTERVIEW- LEITFADEN		
Q2	Was ist bei den großen Social-Media-Plattformen hinsichtlich Nachhaltigkeitsfragen derzeit besonders kritisch zu bewerten?	5 min
	Ergänzung: Gemeint sind z.B. Facebook, Instagram, Twitter, TikTok, YouTube, usw.	
Q3	Unabhängig davon, ob es technisch möglich oder realistisch wäre: Was müssten die großen Social-Media-Plattformen ändern, um digital nachhaltiger zu werden?	5 min
	Ggf. nachfragen: Open Source, Dezentralisierung, Geschäftsmodelle?	
Q4	Wo liegt die größte Verantwortung für Nachhaltigkeit von Social-Media-Plattformen?	5 min
	Hinweise: Individuen/Nutzer:innen, Behörden/Kommunen, Hochschulen, Wirtschaft/Unternehmen, Politik, ...	
Q5	Angenommen: Die EU verabschiedet ein Gesetzespaket, das in fünfzig Jahren als historischer Meilenstein in der sozialökologischen Nachhaltigkeitsentwicklung gilt. Welche Punkte stehen in der Verordnung zum Thema digitale Infrastruktur und Plattformen?	5 min
	Ggf. Bezug nehmen zu vorhandenen Gesetzen (DMA, DSA, DSGVO, NetzDG, usw.).	
Q6	Wie werden sich Social-Media-Plattformen realistisch entwickeln hinsichtlich digitaler Nachhaltigkeit?	5 min
	Hier soll eine möglichst objektive, realistische Einschätzung erfolgen.	
Abschluss: Fehlt noch etwas?		3 min
Dank und Abschied		1 min

6.1.3 Erhebung

Für die Interviews standen verschiedene Kommunikationskanäle zur Auswahl:

- Videokonferenz (bevorzugt),
- telefonisch oder
- schriftlich per Mail (PGP-verschlüsselt).

Persönliche Treffen mit den Expert:innen wurden aus logistischen Gründen und in Anbetracht der zu Erhebungsbeginn noch um sich greifenden Covid-Pandemie von vornherein ausgeschlossen. Die Dauer der Befragung wurde auf wenigstens 20 Minuten und maximal 40 Minuten festgelegt. Der Erhebungszeitraum für die qualitativen Leitfadeninterviews erstreckte sich über insgesamt vier Monate.

Datenschutz
Alle Interviews wurden per Videokonferenz über *Big Blue Button* auf Servern in Deutschland durchgeführt. Die Aufzeichnung erfolgte mit der Open Broadcaster Software *OBS Studio*. Die Aufnahmen wurden ausschließlich lokal auf einem Rechner mit Datenträgerverschlüsselung gespeichert und nach Einreichung der Arbeit gelöscht. Die Transkription erfolgte ebenfalls lokal unter Zuhilfenahme eines Spracherkennungs-Plugin für das Schnittprogramm *kdenlive*.

Die Interviewpartner:innen wurden vor Beginn der Aufzeichnung über diese Punkte informiert und um ihre Zustimmung gebeten.

6.1.4 Aufbereitung der Daten

Die Aufbereitung leitfadengestützter Interviews gliedert sich in verschiedene Schritte. Bei direkten und aufgezeichneten Gesprächen muss zunächst eine Verschriftlichung erfolgen, um eine Auswertung vornehmen zu können. Die Analyse kann dann nach quantitaven oder qualitativen Gesichtspunkten erfolgen.

Transkription
Bei der Verschriftlichung der Audioaufnahmen wurde das Verfahren der vereinfachten Transkription nach Dresing und Pehl gewählt, da nicht die Sprache oder das Verhalten in der Gesprächssituation, sondern der Inhalt der Aussagen entscheidend für das Forschungsthema ist. Die Sprache wird dabei in einem sinnvollen und den Inhalt nicht verändernden Maß „geglättet": Räuspern, Pausen oder Füllwörter werden beim Transkribieren ignoriert (Dresing & Pehl 2017: 17–25).

Auswertung
Die Transkripte wurden anschließend einer qualitativen Inhaltsanalyse unterzogen. Hierfür wurde der Ansatz der Zusammenfassung und induktiven Kategorienbildung nach Mayring gewählt, bei dem die Aussagen auf ihre Argumente überprüft und in einem zweiten Schritt paraphrasiert werden. Aus diesen sinngemäßen Zusammenfassungen werden in mehreren Schritten nach vorher festgelegten Kodierungsregeln Kategorien und Unterkategorien gebildet (Mayring 2022: 68–88).

Bei diesem Schritt wurden die vier Dimension des in dieser Arbeit entwickelten Nachhaltigkeitsmodells (Abschnitt 2.7) als oberste Kategorienebene zugrunde gelegt. Die Unterkategorien wurden durch die Aussagen der Expert:innen gefüllt (Tabelle 6.3):

Tabelle 6.3 Kodierungsverfahren zur Auswertung der Interviews

ZITAT	PARAPHRASE	OBERKATEGORIE	UNTERKATEGORIE
Ausgewähltes Zitat (Transkript)	*Kernaussage*	*Dimension*	*Kriterium*
Argument 1	Kernaussage 1	ökol/ökon/soz/inf	Kriterium 1
Argument 2	Kernaussage 2	ökol/ökon/soz/inf	Kriterium 2
…	…	…	…

Zusammenfassung
Während die Kriterien, die aus den im Kodierungsverfahren entstandenen Unterkategorien abgeleitet werden, insbesondere als Grundlage für den Kriterienkatalog (Kapitel 7) dienen, werden die Antworten aller Expert:innen auf die Interviewfragen im Folgenden auch prosaisch aufbereitet und zusammengefasst.

6.2 Ergebnisse

Q1: Was sind schützenswerte Ressourcen, wenn wir von Social-Media-Plattformen sprechen?
Fast alle Interviewpartner:innen[2] nannten an erster Stelle ökologische Belastungen durch Plattformen: Hohe Stromverbräuche durch den Betrieb der Server und durch die enormen Datenflüsse, die auch durch Verwendung ausschließlich „grüner" Energie nicht in einer Form nachhaltig wird, dass ein Nullergebnis herauskommt. Neben einer nichtsdestotrotz notwendigen Energiewende müsse insbesondere der Verbrauch reduziert werden, was einen prüfenden Blick auf die Geschäftsmodelle der Plattformen erfordert, die sich hauptsächlich durch datenintensives Tracking und Profiling und das Ausspielen von Werbung finanzieren. Zusätzlich wurde fast einstimmig auf mineralische Rohstoffe hingewiesen, die nicht nur ein Umweltproblem durch die aufwändige Gewinnung, sondern auch in vielen Fällen Menschenrechtsverletzungen bedeuten, insbesondere wenn es sich um Konfliktmineralien handelt. Ein weiteres schützenswertes Gut sei Wasser, das in vielen Fällen zur Kühlung von Rechenzentren gebraucht wird. Das Wissen über den hohen Energie-, Wasser- und Rohstoffverbrauch für Rechenzentren sei bei vielen Menschen deshalb nicht so

[2] Wenn im Folgenden auf Einzelaussagen Bezug genommen wird, sind diese den Transkripten in Anhang II im elektronischen Zusatzmaterial zu entnehmen. Die Expert:innen werden im Folgenden bei ihren Initialien genannt.

präsent, weil eine „Idee der Dematerialisierung" (NG, 00:00:48:39) die Diskussion beeinflusse: Was in der „Cloud" passiert, scheint keine fassbaren Auswirkungen zu haben.

Neben ausbeuterischen Arbeitsbedingungen im Zusammenhang mit Konfliktmineralieren und Hardware wurden mehrfach die Themen Clickwork und Content Moderation angesprochen und die menschliche Arbeit grundsätzlich als schützenswerte Ressource benannt. Auch auf die aus Nachhaltigkeitssicht problematischen Konsumanreize durch Werbung wurde hingewiesen und Einschränkungen bis hin zu Verboten von Werbung als mögliche Lösung genannt.

In Bezug auf Daten wurde hinsichtlich der Personenbezogenheit unterschieden: Solche Daten fielen unter die Privatsphäre als schützenswerte Ressource, und sollten – insbesondere aus Profitgründen – nicht gesammelt werden. Andererseits handele es sich bei öffentlichen Daten um menschliches Wissen als Ressource, deren Zugang gewährleistet werden müsse, was Forderungen nach Open Source, Open Data oder Open AI begründe (MS, 00:01:21:24).

Q2: Was ist bei den großen Social-Media-Plattformen hinsichtlich Nachhaltigkeit derzeit besonders kritisch zu bewerten?

Hinsichtlich der ökologischen Nachhaltigkeit wurden vor allem die großen Datenmengen angesprochen, die derzeit durch kein Gesetz reguliert werden, obwohl es theoretisch Einsparpotenziale gäbe, beispielsweise bei Werbung oder dem automatischen Abspielen von Videos. Werbung stelle ihrerseits ein Nachhaltigkeitsproblem dar, da übermäßiger Konsum – Produktion, Transport, Entsorgung – einer der großen Treiber des Klimawandels sei (vergleiche hierzu auch Abschnitt 3.3.2). Abgesehen davon würde in der öffentlichen Debatte um soziale Netzwerke viel zu wenig über die ökologischen Kosten und die Ausbeutung von Arbeitskräften gesprochen.

Besonders häufig wurden soziale Phänomene und gesellschaftliche Veränderungen genannt. Soziale Netzwerke stellten eine Parallelwelt dar, deren Realitätsbezug – zum Beispiel durch spezifische Bildausschnitte oder Filter – häufig so verschoben sei, dass vor allem junge Menschen unter den Folgen sozialer Vergleiche litten. Es entstünde der Zwang, seinen Alltag digital mit anderen zu teilen, um Anerkennung zu erhalten – gleichzeitig spielten in Kommunikationsnetzwerken jedoch Mobbing, Hass und Ausgrenzung eine sehr große Rolle. Eine Abkehr von den großen sozialen Medien wie Facebook, Instagram, Twitter oder TikTok sei für einzelne Nutzer:innen zum einen wegen ihres suchterzeugenden Designs, zum anderen wegen der starken Netzwerkeffekte schwierig, was die Bereitschaft zur Nutzung der Plattformen zu einer verhältnismäßig unfreien Entscheidung mache.

Die Expert:innen nannten außerdem Konsequenzen für die politische Willensbildung durch technische Filterblasen sowie personalisierter Wahlwerbung oder andere Einflussnahme. Die schnelle Verbreitung von Falschinformationen sowie die Schwierigkeit, Quellen hinsichtlich ihrer Vertrauenswürdigkeit einzuschätzen, begünstigten diese Umstände.

Als besonders problematisch wurden die Geschäftsmodelle der Kommunikationsnetzwerke beschrieben, die auf aggressivem Datamining und Profiling fußen, trotz des Gebots zur Datensparsamkeit in Art. 5 DSGVO (MB, 00:10:24:02). Das führe zu einer nie dagewesenen Datenmacht und einer hohen sozialen Verwundbarkeit. Die global erhobenen Daten von Interaktionen, Suchen und Kommunikation stellten einen „sozialen Graphen" dar (RR, 00:10:20:00), der in den Händen von Privatunternehmen zu einer Bereicherung weniger und einer „Vergesellschaftung der Folgen" (ME, 00:02:39:10) führe. Plattformbetreiber hätten insgesamt zu viel Macht über die Gesellschaft, schuldeten dieser aber wiederum keine Rechenschaft, es fehle eine demokratische Kontrolle. Die Marktmacht würde zusätzlich durch eine Verzahnung der großen Unternehmen miteinander befeuert.

Kritisiert wurde auch die fehlende Quelloffenheit und Interoperabilität der derzeit größten Netzwerke.

Q3: Was müssten die großen Social-Media-Plattformen ändern, um digital nachhaltiger zu werden?

Einige Expert:innen stellten den Überlegungen zu notwendigen Änderungsmaßnahmen die Frage voran, welchen Zweck soziale Medien für die Gesellschaft erfüllen müssen. Wenn es um Kommunikation, Informationsaustausch und Unterhaltung ginge, könne dies auch in kleineren, vielleicht lokalen Rahmen möglich sein. Nicht jedes soziale Bedürfnis der Gesellschaft müsse über global agierende Großkonzerne in den USA befriedigt werden.

Einig waren sich die Expert:innen dahingehend, dass vor allem mehr Transparenz erforderlich sei, zum Beispiel bezüglich der technischen Infrastruktur, der Effizienz der Rechenzentren und des Energie-, Wasser- und Rohstoffverbrauchs, vergleichbar einer Scope-1-, 2-, und 3-Einteilung[3] (JP, 00:03:47:18). Auch inhaltlich könne sich

[3] Mit der Einteilung in Scope-1-, 2-, und 3-Emissionen ist die Kategorisierung von Treibhausgasemissionen im Kontext des GHG Protocol Corporate Standard gemeint, der den ökologischen Fußabdruck von Unternehmen bewertet. Scope-1-Emissionen sind Emissionen aus unternehmenseigenen Quellen, Scope-2-Emissionen sind indirekte Emissionen aus eingekaufter Energie, Scope-3-Emissionen sind indirekte Emissionen innerhalb der Wertschöpfungskette. Diese Bilanzierung ist für eine transparente Klimaschutzstrategie von Unternehmen erforderlich.

das zum Beispiel in „Lebenszyklusanalysen“ von Postings oder einem höheren Ranking von Nachhaltigkeitsthemen zeigen (EK, 00:08:14:22).

Eine selbstkritische Auseinandersetzung sei auch erforderlich im Zusammenhang mit Datenerhebung, Auswirkungen auf Konsum, Suchterzeugung und Förderung von Hass, Falschinformationen, Realitätsverlust und Depressionen. Dafür sei nicht nur verstärkt Moderation erforderlich, sondern auch eine Regulation der glücksspielartigen Gestaltung der Plattformen. Insgesamt sollte es weniger ständig neue Inhalte geben, sondern „Suffizienz statt Effizienz“ (NG, 00:13:40:20). Auch Werbung müsse mindestens eingeschränkt, am besten verboten werden, zumindest aber nicht personalisiert sein.

Diese Interviewfrage wurde – wie erwartet – von den meisten Gesprächspartner:innen als relativ hypothetisch empfunden, da das bestehende kapitalistische System Nachhaltigkeitsbemühungen grundsätzlich eher nicht berücksichtige oder gar belohne. Der Anreiz für Großkonzerne, an einem nicht nachhaltigen Geschäftsmodell etwas zu ändern, sei ökonomisch entsprechend gering. Kleine und nachhaltige Alternativplattformen könnten in der Logik des Wirtschaftssystems nicht dauerhaft bestehen: „Es gibt keinen ethischen Konsum im Kapitalismus und es gibt auch kein ethisches Netzwerk im Kapitalismus.“ (ME, 00:07:42:18).

Nachhaltiger und wünschenswert sei ein Wirtschaftssystem, in dem quelloffene und datenschutzfreundliche, vielleicht sogar community-betriebene Netzwerke, die ohne Werbung auskommen, eine reelle Chance hätten. Als positive Beispiele für Netzwerke wurden WeChange und Mastodon genannt, für Messenger Signal und Threema, und hinsichtlich des großen globalen Erfolgs Wikipedia. Diese Projekte finanzierten sich fast ausschließlich durch Spenden, was – bei Offenlegung der Herkunft – ein funktionierendes Alternativmodell zum Datenhandel darstellen könnte. Möglich wäre auch eine öffentliche Förderung, vergleichbar mit Bibliotheken, die freien Zugang zu Informationen, Wissen und Werken ermögliche. Insgesamt müssten die Nachhaltigkeitsbemühungen den Zweck haben, Machtzentren zu minimieren und die Privilegien von den Tech-Unternehmen auf die Nutzer:innen der Plattformen zu übertragen.

Q4: Wo liegt die Verantwortung für mehr Nachhaltigkeit bei Social-Media-Plattformen?

Alle Interviewpartner:innen waren sich einig, dass sich die Verantwortung für Nachhaltigkeit bei sozialen Medien nicht allein auf eine ökonomische Gruppe abwälzen ließe, insbesondere nicht auf Nutzer:innen. Zwar sei es prinzipiell wichtig, dass diese überhaupt Möglichkeiten hätten, nachhaltiger handeln zu können, jedoch dürfe daraus keine alleinige Verantwortung abgeleitet werden: „Never blame individuals for systemic failure.“ (ME, 00:13:06:21) Zum einen spielten Netzwerkeffekte eine große Rolle: Nutzer:innen stünden vor einer unfreien Entscheidung, „entweder gesellschaftliche Teilhabe oder digitale Nachhaltigkeit." (MB, 00:24:20:16). Es handele sich um eine ähnliche Fehlinterpretation wie bei der Frage nach informationeller Selbstbestimmung, also dass die Nutzung eines Dienstes mit der vollen Zustimmung zu den Geschäftsbedingungen gleichgesetzt wird, statt zu erwägen, dass es oft keine andere Option gibt. Zudem sähen sich Individuen mit zahlreichen Aufforderungen zum nachhaltigen Handeln konfrontiert, die zeitlich, finanziell und mental oft nicht in einen Alltag aus Familie und Arbeit passen, daher bräuchte es systemische Ansätze (RR, 00:20:59:05). Gleichzeitig sollten Individuen nicht fälschlicherweise für machtlos gehalten werden, da große Gruppen viel bewegen können. Dafür müsse in der Gesellschaft mehr Bewusstsein dafür geschaffen werden, dass es sich bei sozialen Medien nicht um öffentliche Räume, sondern um Plattformen von Privatunternehmen handele. Es sei wichtig, solche öffentlichen Räume zugänglich zu machen, in denen Nutzer:innen nicht bevormundet, sondern befähigt werden, zum Beispiel in Form von lokalen und/oder community-betriebenen Netzwerken. Gerade die bei Konsument:innen häufig vorherrschende Überzeugung, man könne sowieso nichts an dem Problem mit Datamining und Tracking ändern, könne durch mehr Partizipation und Mitgestaltung aufgelöst werden.

Ein ähnlicher Druck würde auch auf vor allem kleinen Unternehmen lasten. Marketing oder Öffentlichkeitsarbeit sei ohne die großen sozialen Medien kaum denkbar und ab einem gewissen Punkt hinge das wirtschaftliche Überleben davon ab, sich für nicht nachhaltige Strategien zu entscheiden. Eine Selbstverpflichtung zu nachhaltigem Verhalten müsse wirtschaftlich tragfähig sein und belohnt werden.

Die größte Verantwortung sahen die Expert:innen bei der Politik. Die notwendige Transparenz, die Schonung von Energie, Wasser und Rohstoffen sowie Reparaturfähigkeit der Hardware müsse gesetzlich gefordert werden. Auch eine Verpflichtung zu energiesparsameren Standardeinstellungen (niedrige Videoauflösung, WLAN statt LTE) könnte gefordert werden, ebenso wie energiesparende Programmierung (EK, 00:13:48:10). Insbesondere im Bereich Datenschutz und Einschränkung von Tracking, Profiling und personalisierter Werbung sei politisch immer noch viel überfällig, inzwischen seien „zwanzig Jahre unregulierte Digitalisierung und Digitalkapitalismus vergangen" (JP, 00:11:38:11).

Zusätzlich zur Verantwortung von Individuen, Wirtschaft und Politik wurde auch die Wissenschaft erwähnt, die einen klaren Forschungs- und Bildungsauftrag habe und dadurch zu einem breiteren Wissen über Plattformdynamiken beitragen müsse (MS, 00:10:24:00).

Q5: Angenommen: Die EU verabschiedet ein Gesetzespaket, das in fünfzig Jahren als historischer Meilenstein in der sozialökologischen Nachhaltigkeitsentwicklung gilt. Welche Punkte stehen in der Verordnung zum Thema digitale Infrastruktur und Plattformen?
Aus den Antworten der Expert:innen war insgesamt abzulesen, dass die derzeitigen Gesetzespakete (siehe Kapitel 4) zwar grundsätzlich als Schritt in die richtige Richtung, jedoch als bei weitem nicht ausreichend bewertet werden. Zum eine sei ein deutlich strengeres Lieferkettengesetz erforderlich, das die Rechte der Arbeiter:innen in Erzminen und Hardwarefabriken wirklich zuverlässig schützt. Zum anderen bräuchte es mehr Regulierung auf den Plattformen selbst, beziehungsweise mehr Geld für ausführende Behörden und eine bessere Umsetzung der Beschwerde- und Meldeverfahren. Transparenzanforderungen müssten insofern ergänzt werden, als dass die tatsächlichen ökologischen und sozialen Kosten in die Berechnung eines sozialökologischen Fußabdrucks einer Plattform mit eingepreist werden müssten. Zudem wäre eine strenge Verpflichtung der Plattformen zu einer fortwährenden Risikoanalyse notwendig, um die Auswirkungen auf Individuen und Gesellschaft zu überprüfen und Schäden zu vermeiden. Probleme wie Hassrede, Mobbing oder Desinformation sollten dabei nicht (nur) auf technischer Ebene gelöst werden (AM, 00:16:21:07).

Darüber hinaus wurde vor allem ein Aufbruch der Marktlogik genannt. Werbefinanzierte Geschäftsmodelle müssten besonders kritisch hinterfragt werden, Werbung sollte zumindest standardmäßig nicht angezeigt werden dürfen (JP, 00:08:43:02), Tracking über das technisch notwendige hinaus sowie Profiling sollten grundsätzlich verboten sein. Plattformen müssten außerdem ein Recht auf Vergessenwerden einführen (MB, 00:29:58:18). Ein Gesetz, das wirklich einen Beitrag zu digitaler Nachhaltigkeit im Kontext von Kommunikationsplattformen leisten wolle, müsse darüber hinaus offene Schnittstellen, offene Kommunikationsstandards und die Nutzung freier Software verlangen (MB, 00:28:34:20), gleichzeitig den fortwährenden technischen Ausbau von Infrastruktur auf das Nötigste begrenzen (NG, 00:28:05:16) und lokale, kleine Plattformen besonders fördern. Soziale Medien sollten in Anbetracht ihrer gesellschaftlichen Macht grundsätzlich eher nicht in privater Hand liegen, sondern öffentlich gefördert werden und gemeinwohlorientiert arbeiten, beispielsweise nach genossenschaftlichen Prinzipien.

Q6: Wie werden sich Social-Media-Plattformen realistisch entwickeln hinsichtlich digitaler Nachhaltigkeit?
Die realistische Einschätzung von Nachhaltigkeitsentwicklungen bei Plattformen fiel durchwachsen aus. Positiv sei, dass der Diskurs in der Öffentlichkeit sich

bereits langsam ausweite, so dass allmählich ein Grundverständnis für die Zusammenhänge zwischen beispielsweise Nachhaltigkeit und Datenschutz entstehe (AM, 00:18:18:23). Die wachsende Sensibilität für digitalpolitische Themen und auch für Open Source sowie ein zunehmender Aktivismus innerhalb der Zivilgesellschaft führten zur Entstehung zahlreicher Ideen und Alternativen, die genossenschaftlich oder föderiert arbeiten. Etwas zuversichtlicher scheint auch die Einschätzung der zukünftigen ökologischen Anforderungen zum Beispiel an KI-Modelle oder Rechenzentren (AM, 00:20:23:02).

Hinsichtlich der Machtmonopole und der Datenökonomie äußerten die Expert:innen, dass gerade dem Wachstumsparadigma schwer zu begegnen sei (JP, 00:13:27:02). Politisch würde sich aufgrund von Korruption und des Wirkens von Lobbyverbänden weniger bewegen als notwendig, so dass sich insgesamt ein negativer Trend abzeichne. Mehrere Interviewpartner:innen äußerten die Befürchtung, dass erst eine massive Eskalation eintreten müsse, damit sich an der Ausgangslage etwas eklatant ändert.

Auswertung

Auch wenn alle Expert:innen ihren eigenen fachlichen Schwerpunkt mit in die Gespräche brachten, gab es erwartungsgemäß viele Überschneidungen und einige Themen zogen sich wie ein roter Faden durch alle Interviews. Um sichtbar zu machen, welche Aspekte besonders häufig auftauchten, wurde zusätzlich zur Kodierungsmethode auch eine Zählung der Argumente vorgenommen. Dabei wurde einmalig ein Punkt für die Nennung eines Arguments pro Interview vergeben und in einer Übersicht gezählt, wie viele Interviewpartner:innen das entsprechende Argument genannt hatten. Auf diese Weise kann die inhaltliche Tendenz der Antworten aufgezeigt werden.

Grafik 6.1 zeigt die in den Interviews gesammlten ökologischen Nachhaltigkeitskriterien und die Häufigkeit ihrer Nennung. Fast alle Interviewpartner:innen gaben an, dass Plattformen sowohl ihren Energieverbrauch als auch den Verbrauch natürlicher Ressourcen reduzieren müssten und weitestgehend oder vollständig auf Werbung verzichten sollten. Die Hälfte der Befragten betonte außerdem, dass die ökologischen Nachhaltigkeitsbemühungen im Zweifel Vorrang vor ökonomischen oder sozialen Aspekten haben sollten. Hinsichtlich des Stromverbrauchs wurde mehrmals die Reduktion von Datenmengen genannt, der Betrieb von Rechenzentren mit erneuerbaren Energien und auch die eigene Produktion von Ökostrom.

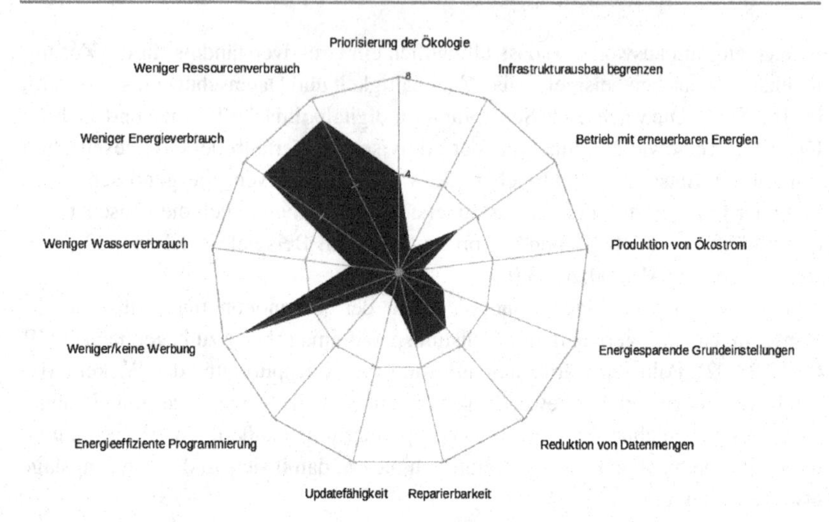

Abbildung 6.1 Ökologische Kriterien aus den Interviews

Grafik 6.2 zeigt die Argumente hinsichtlich ökonomischer Nachhaltigkeit. Dazu zählen der Schutz von Netzneutralität, das Vermeiden von Lock-In-Effekten, die grundlegende Abkehr vom Datenkapitalismus, eine öffentliche Finanzierung bis hin zu Vergesellschaftung. Desweiteren beinhalten die ökonomischen Nachhaltigkeitsfaktoren eine gezielte Förderung von nachhaltigeren Wirtschaftsstrategien, Wissenschaft und Innovationen sowie kleineren und lokalen Plattformen. Mindestens die Hälfte der Interviewpartner:innen erwähnte eine gerechtere Verteilung von Kosten und Profiten, eine Verhinderung von Machtkonzentration und Monopolstellung, zum Beispiel indem Netzwerkeffekten entgegengewirkt würde. Mehrmals erwähnt wurde auch die Notwendigkeit, suffizientes Verhalten – hinsichtlich Technik und Daten – zu einem lohnenswerten Konzept zu machen sowie eine bessere demokratische Kontrolle der Nutzer:innen über digitale Kommunikationsplattformen.

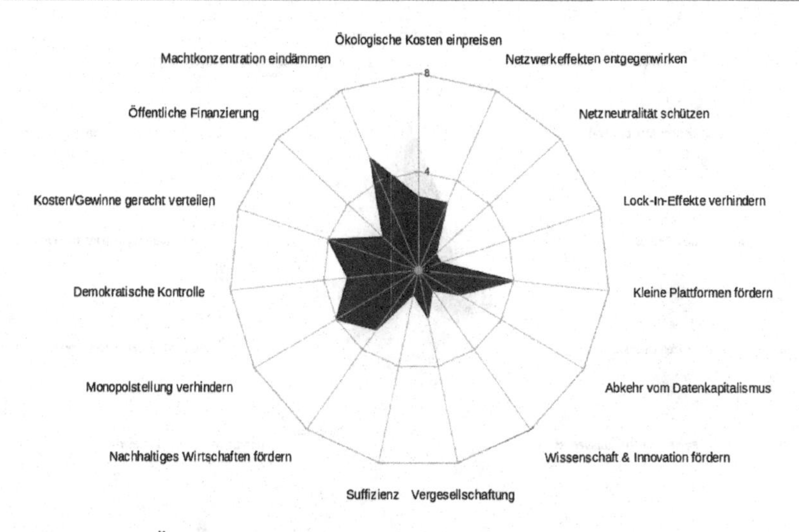

Abbildung 6.2 Ökonomische Kriterien aus den Interviews

Grafik 6.3 zeigt die sozialen Nachhaltigkeitskriterien. Darunter fallen Barrierefreiheit, leistbare Teilhabe und das Abbauen sozialer Ungleichheit, Diskriminierung und kolonialistischer Strukturen. Außerdem beinhalten die sozialen Nachhaltigkeitsfaktoren eine gesunde Partizipationskultur und den Schutz vor politischer Manipulation. Besonders hervorgehoben wurden die Arbeitsbedingungen. Das Argument umfasst dabei sowohl die Erzgewinnung zu Beginn des Hardwareproduktionsprozesses als auch das schlecht bezahlte Clickworking als Auswuchs der Nutzung von informationstechnischen Plattformen. Die Hälfte der Befragten nannte außerdem die Bekämpfung von Hasspostings, Extremismus und Gewalt sowie ein Plattformdesign, dass die Nutzer:innen nicht zum suchtähnlichen Dauerkonsum anrege. Auch das Vermeiden von *rabbit holes* (siehe hierzu Abschnitt 3.2.3) und der Schutz von Grundrechten und vor politischer Manipulation wurden mehrmals erwähnt.

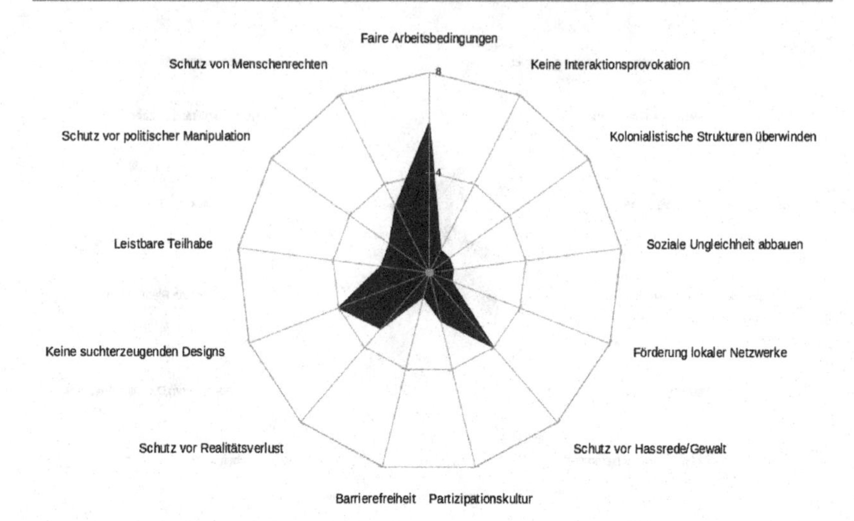

Abbildung 6.3 Soziale Kriterien aus den Interviews

Grafik 6.4 zeigt die informationellen Nachhaltigkeitskriterien. Dazu zählen insbesondere Datenschutz und die Reduktion von Tracking und Profiling, einen besseren Schutz von Persönlichkeitsrechten und ein „Recht auf Vergessen“. Außerdem gehören zu den informationellen Nachhaltigkeitskriterien der Zugang zu Wissen, Open Data, Interoperabilität und Dezentralisierung der Plattformen, sowie selbstbestimmte Inhalte und Schutz vor Falschnachrichten durch nachvollziehbare Informationen. Mindestens die Hälfte der Interviewpartner:innen erwähnten zudem spezifisch die Wichtigkeit von Quelloffenheit beziehungsweise freier Software und eine Forderung nach mehr Transparenz durch die Plattformbetreiber.

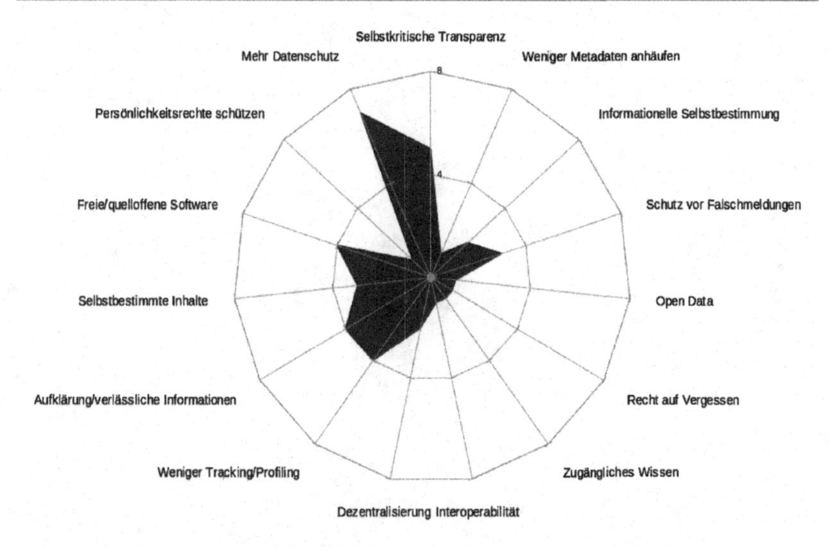

Abbildung 6.4 Informationelle Kriterien aus den Interviews

7 Kriterien für nachhaltige digitale Kommunikationsplattformen

Im Verlauf dieser Forschungsarbeit wurden durch umfangreiche Recherchen die Berührungspunkte von Digitalisierung und Nachhaltigkeit aufgezeigt und durch die Analyse wissenschaftlicher Literatur und durch Interviews mit Expert:innen verschiedene Nachhaltigkeitskriterien für digitale Kommunikationsplattformen herausgearbeitet. Dieses Kapitel fasst nun alle erarbeiteten Kriterien nach Kategorien gruppiert zusammen. Grundlage bilden erneut die in Abschnitt 2.7 beschriebenen vier Nachhaltigkeitsdimensionen.

Zu beachten ist, dass keine der Dimensionen – und damit keine der ihnen zugeordneten Kriterien – trennscharf von anderen abgrenzbar ist. Viele Kriterien haben Einfluss auf gleichzeitig mehrere Dimensionen nachhaltiger Bemühungen. Datensparsamkeit beispielsweise kann sowohl ein Kriterium hinsichtlich Datenschutz in Bezug auf informationelle Nachhaltigkeit, als auch hinsichtlich Einsparung von Energie und Rechenleistung in Bezug auf ökologische Nachhaltigkeit sein. Ebenso bedient eine gerechtere Verteilung von Kosten und Gewinnen sowohl die ökonomische als auch die soziale Nachhaltigkeitsdimension. Die folgende Kategorisierung versteht sich daher nicht als ausschließliche Zuordnung, sondern vielmehr als sinnvolle Gruppierung.

Ergänzende Information Die elektronische Version dieses Kapitels enthält Zusatzmaterial, auf das über folgenden Link zugegriffen werden kann https://doi.org/10.1007/978-3-658-46521-6_7.

J. Kollien, *Digitale Nachhaltigkeit als Leitmotiv für Kommunikationsplattformen*, BestMasters, https://doi.org/10.1007/978-3-658-46521-6_7

7.1 Ökologische Nachhaltigkeitskriterien

Zu den ökologischen Nachhaltigkeitskriterien werden jene Kriterien gezählt, die sich auf die physischen Komponenten von digitalen Kommunikationsplattformen – Infrastruktur und Rechenzentren – sowie deren Verbrauch von natürlichen Ressourcen und Energie beziehen.

1. Langlebigkeit von Hardware
Soziale Medien werden auf Servern in großen Rechenzentren betrieben. Diese physischen Komponenten verursachen hohe ökologische Kosten in ihrer Herstellung und sollten daher so lange wie möglich halten. Das kann erreicht werden durch:

(1) *Reparierbarkeit*
Die Hardware für den Serverbetrieb muss von Herstellerfirmen bezogen werden, die zum einen eine hohe erwartbare Lebensdauer, zum anderen die Bereitstellung von Ersatzteilen garantieren. Reparaturen sollten mit Hilfe transparenter Reparaturinformationen unabhängig von Herstellerfirmen durchgeführt werden können.

(2) *Updatefähigkeit*
Die Plattformsoftware soll stabil und sicher sein. Sowohl der Kern als auch die eingebundenen Bibliotheken sollten quelloffen vorliegen, damit Sicherheitslücken schneller gefunden werden. Updates sollen unabhängig von der Entwicklungsfirma eingespielt werden können. Die Software soll abwärtskompatibel und gut dokumentiert sein.

2. Sparsamer Betrieb
Digitale Kommunikationsplattformen sind stark genutzte Echtzeitanwendungen in Dauerbetrieb. Deshalb ist es wichtig, dass sie effizient und sparsam laufen.

(1) *Energieeffiziente Programmierung*
Die Plattformsoftware soll so programmiert sein, dass die Anwendung möglichst wenig Strom verbraucht. Das kann zum Beispiel durch Parallelisierung von Prozessen, effizientere Speichernutzung, Optimierung der Algorithmen oder Verringerung von Hintergrundprozessen erreicht werden. Zudem sollten Zugriffe auf Sensoren und auch das Synchronisieren und Nachladen neuer Inhalte in möglichst großen Intervallen erfolgen.

(2) *Reduktion von Datenmengen*
Datenmengen sollen dort reduziert werden, wo für die Funktionalität auch weniger Daten ausreichend sind. Bilder und Videos sollen zumindest für die Aus-

gabe auf kleinen Displays stark komprimiert werden. Auf das Ausspielen von Werbung soll grundsätzlich verzichtet werden. Auch sind zum Zwecke der Verhaltensanalyse gesammelte Metadaten und Tracking-Funktionalitäten für die eigentliche Funktion der sozialen Medien nicht notwendig und sollen daher nicht eingesetzt werden.

(3) *Energiesparende Grundeinstellungen*
Sustainability by default: Die Standard-Einstellungen für Nutzer:innen von Plattformen werden nur selten aktiv angepasst. Sie sollen nicht auf das beste Nutzungserlebnis voreingestellt sein, sondern auf einen geringen Energieverbrauch. Beispielsweise können Videos nur dann automatisch abgespielt oder in hoher Auflösung gezeigt werden, wenn dies vorher in den Einstellungen aktiv festgelegt wurde.

(4) *Wenig Ressourcenverbrauch*
Der Verbrauch endlicher natürlicher Rohstoffe (vor allem Mineralerze) soll zum einen durch eine Verlängerung der Lebensdauer der Hardware (siehe Punkt 1) verringert werden, zum anderen soll sich die Plattform aktiv um ein umfängliches Recycling ihrer elektronischen Abfälle bemühen.

(5) *Wenig Wasserverbrauch*
Rechenzentren erzeugen Abwärme und müssen gekühlt werden, was zu einem hohen Wasserverbrauch und mitunter zu wasserwirtschaftlichen Problemen führt. Die Plattform soll Auskunft über Kühlungsmethoden und Wasserverbrauch geben und gleichzeitig auf nachhaltigere Technologien (Freiluft- oder Verdunstungskühlung) umsteigen. Beim Bau neuer Rechenzentren sollte ein geografischer Standort gewählt werden, der die ökologischen Kosten für die Kühlung möglichst gering hält (beispielsweise Skandinavien, Kanada – dort ist es im Jahresmittel kälter).

(6) *Betrieb mit erneuerbaren Energien*
Der Strom für die Plattform soll nicht aus fossilen Energiequellen stammen, sondern vollständig aus regenerativen Energiequellen wie Solar-, Wind- oder Wasserkraft gewonnen werden.

3. Beitrag zu nachhaltiger Entwicklung

Digitale Kommunikationsplattformen sind zu einem ubiquitären Bestandteil des täglichen Lebens geworden, vergleichbar mit Mobilität oder Elektrizität. Sie müssen ebenso wie andere technologische Errungenschaften dem größtmöglichen Nutzen für die Menschheit unterworfen werden und ihren eigenen aktiven Beitrag zu einer nachhaltigen Entwicklung leisten.

(1) *Wenig oder keine Werbung*
Übermäßiger Konsum ist eine der größten Ursachen für Treibhausgasemissionen. Eine sinnvolle Reduktion auf ein verträgliches Maß wird kaum erreichbar sein, solange soziale Medien permanent Werbung einblenden, die zum Kauf neuer Produkte anregt. Plattformen sollen sich ihrer Wirkung und Verantwortung bewusst werden und auf Werbung und Produktmarketing weitestgehend verzichten.

(2) *Eigenstromproduktion und Abwärmenutzung*
Die Rechenzentren sollen selbst Strom produzieren und einspeisen. Das kann beispielsweise durch Solaranlagen oder dem Betrieb eigener Windräder erfolgen. Die Wärme, die durch den Stromverbrauch in Rechenzentren produziert wird, soll möglichst vollständig genutzt werden, entweder zur Stromerzeugung oder durch Wärmerückgewinnung ins Fernwärmenetz eingespeist.

(3) *Priorisierung der Ökologie*
Wenn sich ökologische und andere Interessen gegenüberstehen, dann ist der ökologischen Nachhaltigkeit eine höhere Gewichtung einzuräumen.

7.2 Ökonomische Nachhaltigkeitskriterien

Ökonomische Kriterien sind all jene, die sich mit Geschäftsmodellen, Marktmacht und gesellschaftlicher Kontrolle befassen. Nachhaltige Ökonomie ist nicht auf maximalen Gewinn, sondern auf eine langfristige Stabilität ausgelegt.

1. Nachhaltige Finanzierung
Digitale Plattformen und soziale Medien wirtschaften stark profitorientiert, was sowohl aus sozialer als auch aus ökonomischer Sicht nicht nachhaltig ist. Geschäftsmodelle, die sich vor allem auf die kommerzielle Verwertung von Daten stützen, müssen hinterfragt und aufgebrochen werden. Die folgenden Kriterien addressieren dieses Ziel:

(1) *Unabhängige Finanzierung*
Die Plattform soll nachhaltig und unabhängig vom Vermögen des entwickelnden Unternehmens oder anderer privatwirtschaftlicher Interessen finanziert werden. Das kann durch Spenden oder eine öffentliche Finanzierung geschehen. Spenden sollen vollumfänglich transparent gemacht werden.

(2) *Wissenschaft und Innovation fördern*
Plattformen sollen ihre Algorithmen und Nutzungsdaten (mit welchen Inhalten wird wie interagiert) der Wissenschaft zugänglich machen, die ihrerseits die Medienwirkung solcher Plattformen erforscht.

(3) *Abkehr vom Datenkapitalismus*
Die Plattform soll sich nicht über den Verkauf von (Meta-)Daten finanzieren.

(4) *Ökologische Kosten einpreisen*
Die Plattform soll bei ihrer Kostenanalyse sämtliche ökologische Auswirkungen (Treibhausgasemissionen, Wasserverbrauch, Erzeugung und Entsorgung von Elektroschrott) einpreisen und diese transparent machen.

2. Demokratische Kontrolle

Hinter sozialen Medien stehen privatwirtschaftliche Unternehmen, die die volle Kontrolle über ein Werkzeug haben, das von Millionen Menschen genutzt wird. Das ist hinsichtlich der Ubiquität sozialer Medien kein tragfähiges Modell mehr. Die grundsätzliche Kontrolle über die Funktionsweise der Plattform sollte bei den Nutzer:innen liegen.

(1) *Kosten und Gewinne gerecht verteilen*
Der Betrieb der Plattform soll nicht die Bereicherung einzelner Personen oder Unternehmen zum Zweck haben. Die ökologischen und sozialen Kosten hinter Kommunikationsplattformen sollen vor allem nicht auf den Globalen Süden abgewälzt werden.

(2) *Demokratische Kontrolle*
Die Plattform soll unter demokratischer Kontrolle stehen. Die Gesellschaft soll über Finanzierung und Funktionsweise mitentscheiden. Dafür bieten sich beispielsweise eine öffentlich-rechtliche oder eine genossenschaftliche Struktur an.

3. Vermeidung von Machtkonzentration

Die Unternehmen, die soziale Medien betreiben, haben inzwischen eine bedeutende Marktmacht und erheblichen Einfluss auf globale wirtschaftliche und politische Prozesse. Im Sinne einer ökonomischen Nachhaltigkeit muss diese Konzernmacht aufgebrochen werden.

(1) *Schutz der Netzneutralität*
Die Plattform soll nicht den neutralen Zugang zum Internet verdrängen oder gefährden, indem sie günstiger oder kostenfrei Datenvolumen für spezifische Dienste ihres eigenen Netzes anbietet (sogenanntes *Zero-Rating*).

(2) *Netzwerk- und Lock-In-Effekten entgegenwirken*
Der Netzwerkeffekt, also die Steigerung von Attraktivität und Nutzen eines Netzwerks mit der Anzahl der Nutzer:innen, ist ein Phänomen, das kaum zu verhindern ist. Die Plattform soll sich jedoch darum bemühen, Lock-In-Effekten,

also dem „Einschließen" der Nutzer:innen in ihr eigenes Netzwerk, entgegenzuwirken. Das kann beispielsweise durch offene Kommunikationsprotokolle oder andere technische Möglichkeiten der Interoperabilität erfolgen.

(3) *Monopolstellung verhindern*
Ein weiterer Weg, um Machtkonzentration zu verhindern, ist die aktive Unterstützung kleinerer Netzwerke. Plattformen sollen keine kleinen Dienste aufkaufen, sondern mit ihnen zusammenarbeiten.

7.3 Soziale Nachhaltigkeitskriterien

Zu den sozialen Nachhaltigkeitskriterien werden all jene Kriterien gezählt, die Menschenrechte, Arbeitsbedingungen, Teilhabe und soziale Gerechtigkeit betreffen.

1. Schutz vor Ausbeutung und Ungleichheit
Plattformen sollen bestehende soziale Probleme in keinem Fall vergrößern oder ausnutzen. Sie sollen im Gegenteil aktiv dazu beitragen, soziale Ungleichheit abzubauen.

(1) *Schutz von Menschenrechten*
Die Plattform soll durch den Nachweis einer lückenlosen Lieferkette sicherstellen, dass für ihren Betrieb keine Konfliktmineralien eingekauft und verarbeitet werden, keine menschenunwürdigen Arbeitsbedingungen (insbesondere Zwangs- und Kinderarbeit) ausgenutzt oder unterstützt werden und anfallender Elektroschrott nicht auf Deponien landet, sondern recycelt wird.

(2) *Faire Arbeitsbedingungen*
Die Plattform soll keine ausbeuterischen Arbeitsverhältnisse schaffen oder unterstützen. Das bedeutet, dass auch Mikrotasks wie Bildbeschriftung, Transkriptionen oder Übersetzungen („Clickwork") in einem sicheren Anstellungsverhältnis erfolgen sollen, wo Arbeiter:innen fair entlohnt und gut betreut werden.

(3) *Soziale Ungleichheit abbauen*
Die Plattform soll bestehende soziale Ungleichheiten nicht ausnutzen, sondern ihren Teil dazu beitragen, Diskriminierungen und Ungleichbehandlungen abzubauen. Menschen, die marginalisierten Gruppen angehören (beispielsweise Menschen mit Behinderung, People of Color, LGBTQIA), müssen besonderen Schutz und Unterstützung erfahren. Insbesondere soll die Plattform dafür Sorge tragen, kolonialistische Strukturen (durch Outsourcing von Niedriglohnjobs in Länder des Globalen Südens) aufzubrechen.

2. Schutz von Demokratie und Frieden
Soziale Medien haben einen großen Einfluss auf die politische Meinungsbildung und müssen diesbezüglich Verantwortung übernehmen. Statt auf extreme Postings mit besonders hohem Interaktionswert zu setzen, soll der Fokus auf einem friedvollen und konstruktiven zwischenmenschlichen Umgang liegen.

(1) *Schutz vor Hassrede und Gewalt*
Nutzer:innen von Plattformen sollen effektiv vor virtueller Gewalt geschützt werden. Kommentare oder Postings, die Einzelpersonen oder Personengruppen beleidigen, herabwürdigen, diskriminieren oder zu Gewalt aufrufen, sollen entfernt werden. Dies gilt insbesondere für Volksverhetzung, Leugnung von Genoziden oder Verherrlichung von rechtsextremen oder anderen demokratiefeindlichen Inhalten.

(2) *Schutz vor politischer Manipulation*
Die Plattform soll keine Bühne für politische Beeinflussung, beispielsweise durch Profiling und personalisierte Inhalte und Wahlwerbung, darstellen.

3. Nutzungsautonomie
Nutzer:innen sollten frei darüber entscheiden können, welche Inhalte sie sehen und wie viel Zeit sie auf einer Plattform verbringen wollen. Diese Entscheidung soll weder an Barrieren scheitern noch durch persuasive Designs erschwert werden.

(1) *Faire und leistbare Teilhabe*
Plattformen sollen weder die Nutzung wesentlicher Funktionen noch Werbefreiheit an Premium-Accounts binden. Ein kostenfreier Zugang soll nicht durch den Verkauf von Daten finanziert werden.

(2) *Barrierefreiheit*
Die Plattform soll grundsätzlich allen Menschen Zugang und Teilhabe ermöglichen. Körperliche, geistige und psychische Behinderungen sollen keine unüberwindbaren Barrieren darstellen, ebenso wenig wie soziale Einschränkungen oder geringe Bandbreite. Die Plattform soll Bildbeschreibungen, Screenreading, Untertitel, einfache Sprache, Reizreduktion und Ausgabe als Reintext unterstützen.

(3) *Plattformunabhängigkeit*
Die Plattform soll über jeden aktuellen Internetbrowser nutzbar sein. Zugehörige Apps und Programme sollen auf allen gängigen Betriebssystemen laufen und ohne Registrierung oder Nutzung eines spezifischen App-Stores herunterladbar und ausführbar sein.

(4) *Keine suchterzeugenden Designs*
Die Plattform soll nicht durch ihr Design zum Dauerkonsum anregen. Das beinhaltet beispielweise starke Interaktionsprovokation, Belohnungen durch eine hohe Zahl an Followern oder Likes oder nur temporär verfügbare Inhalte.

(5) *Schutz vor Realitätsverlust*
Empfehlungsalgorithmen von Plattformen sollen so konzipiert sein, dass sie Nutzer:innen insbesondere bei belastenden Themen wie Krankheit und Tod oder aber auch bei Verschwörungstheorien nicht in einen thematischen „Kaninchenbau" hineinziehen. Plattformen sollten außerdem keine Verwendung von Bildfiltern zulassen oder die Verwendung mindestens deutlich kennzeichnen, um die negativen psychischen Folgen sozialer Aufwärtsvergleiche abzuschwächen.

4. Partizipationskultur
Plattformen sollen eine aktive Mitgestaltung durch Nutzer:innen selbst zulassen und fördern.

(1) *Aktive Mitgestaltung*
Die Plattform soll sich den Wünschen und Bedürfnissen der Nutzer:innen anpassen. Die Implementierung zusätzlicher Funktionen sollte eine demokratische Entscheidung oder individuell ein- und ausschaltbar sein. Eine aktive Community könnte neue Features selbst programmieren und sollte das tun dürfen.

(2) *Förderung lokaler Netzwerke*
Nicht jede Kommunikation muss über global agierende Server laufen. Plattformen sollen lokale Gruppen in lokalen Netzwerken belassen.

7.4 Informationelle Nachhaltigkeitskriterien

Informationelle Nachhaltigkeitskriterien umfassen Aspekte von Persönlichkeitsrechten und informationeller Selbstbestimmung, aber auch des freien Zugangs zu Informationen und der digitalen Unabhängigkeit.

1. Konsequenter Datenschutz
Plattformen sollen das Grundrecht auf Privatsphäre respektieren und nur die Daten erheben dürfen, die technisch notwendig sind. Nutzer:innen sollten nicht vor die Wahl gestellt werden, entweder persönliche Daten preiszugeben oder nicht am sozialen Miteinander teilhaben zu können.

(1) *Informationelle Selbstbestimmung*
Datenschutz soll über eine bloße Einwilligungserklärung hinausgehen. Plattformen sollen ihre Nutzer:innen weder mit einer *take-it-or-leave-it*-Abfrage konfrontieren noch durch Gebrauch von *dark patterns* eine Einwilligung erzwingen. Da viele Nutzer:innen sich nicht mit ihren Datenschutz-Einstellungen beschäftigen wollen, sollen die Default-Einstellungen immer bei maximalem Schutz der Privatsphäre liegen.

(2) *Datensparsamkeit*
Plattformen sollen nicht nur auf das Sammeln und Verkaufen von Daten verzichten, sie sollten auch in dem Bewusstsein potenziellen Datendiebstahls oder -missbrauchs grundsätzlich so wenig Daten wie möglich erfassen. Das bedeutet neben einer Verschlüsselung auch den Verzicht auf Speicherung von unnötigen Metadaten.

(3) *Kein Tracking und Profiling*
Die Plattform soll keine „Third-Party-Tracker" in anderen Programmen implementieren oder in ihrem eigenen Netzwerk tolerieren. Sie soll insbesondere auf webseiten- oder geräteübergreifendes Tracking verzichten. Es soll keine Weitergabe von Datensätzen an *Data broker* erfolgen und auch die Plattform selbst soll kein Profiling ihrer Nutzer:innen vornehmen. Insbesondere sensible personenbezogene Informationen wie Religion, sexuelle Orientierung oder Ethnie sollen besonderem Schutz unterliegen.

(4) *Recht auf Vergessen*
Die Plattform soll ihren Nutzer:innen das Recht an den eigenen Inhalten zugestehen. Das bedeutet, dass Nutzer:innen ihre eigenen Postings, digitalen Inhalte und sogar ihr Konto ohne besonderen Aufwand rückstandslos löschen können. Zudem sollte die Plattform eine (freiwillige) Einstellung anbieten, dass bei Inaktivität des Kontos nach einer bestimmten Zeit alle Inhalte automatisch gelöscht werden.

(5) *Persönlichkeitsrechte schützen*
Plattformen sollen ihre Nutzer:innen vor Stalking, Mobbing, Herabwürdigung und unfreiwilligem Outing schützen. Posts, die persönliche Informationen über eine dritte Person oder Bildaufnahmen ohne deren Einverständnis beinhalten, sollen unmittelbar gelöscht werden. Einer Markierung in Fotos soll vor Veröffentlichung zugestimmt werden. Desweiteren sollen pseudonyme Nutzung und Mehrfachkontennutzung möglich sein.

2. Quelloffenheit und Interoperabilität
Soziale Medien funktionieren nur, weil sie von Menschen genutzt werden. Sie sollten daher auch offenlegen, *wie* sie funktionieren.

(1) *Freie/quelloffene Software*
Die Software, auf der die Plattform läuft, sowie die eingebundenen Bibliotheken sollen *open source* sein, also offen einsehbar und gut dokumentiert. Auf diese Weise können zum einen unerwünschte Programmteile oder Sicherheitslücken schneller gefunden werden, zum anderen stellt Quelloffenheit einen wichtigen Aspekt der notwendigen Transparenz von Plattformen ihren Nutzer:innen gegenüber dar.

(2) *Zugängliches Wissen*
Soziale Plattformen sollen keine Inhalte hinter Paywalls oder Abonnements verstecken oder nur zeitlich begrenzt veröffentlichen, sondern sollen dazu beitragen, allen Nutzer:innen freien und barrierearmen Zugang zu Wissen zu ermöglichen. Alle Informationen, die nicht personenbezogen sind, müssen als *Open Data* frei verfügbar sein.

(3) *Interoperabilität*
Soziale Netzwerke sollen über offene Schnittstellen und gemeinsame Kommunikationsstandards miteinander kommunizieren, um Netzwerkeffekten und einer Bündelung von Marktmacht entgegenzuwirken. Nutzer:innen einer Plattform sollen mit Nutzer:innen einer anderen Plattform interagieren können, ohne sich selbst dort anmelden zu müssen. Dabei sollen jeweils die strengeren Datenschutz- und Privatsphäreeinstellungen für alle Beteiligten gelten.

(4) *Dezentralisierung*
Die Plattform soll dezentral laufen, das heißt, verteilt auf mehrere Server. Außerdem soll eine föderierte Nutzung möglich sein, das heißt, Menschen mit entsprechenden fachlichen Kenntnissen sollen eine eigene Instanz dieser Plattform betreiben können, Nutzer:innen verschiedener Instanzen sollen genauso miteinander kommunizieren können, als wären sie auf dem selben Server.

3. Bekämpfung von Desinformation
Soziale Medien haben durch die schnelle Verbreitung von Informationen einen empfindlichen Einfluss auf gesellschaftliche Prozesse und politische Entscheidungen. Dieser Verantwortung müssen sie gerecht werden, indem sie helfen, Falschinformationen zu enttarnen, ihre Verbreitung zu stoppen und im Gegenzug verlässliche Informationsquellen kennzeichnen.

(1) *Aufklärung/verlässliche Informationen*
Die Plattform soll – insbesondere zu brisanten und gesellschaftlich relevanten Themen wie politischen Konflikten oder pandemischen Viruserkrankungen – verlässliche Informationen selbst bereitstellen und vertrauenswürdige

Informationsquellen (beispielsweise Wissenschaftsmagazine) kennzeichnen, um Nutzer:innen zu helfen, verlässliche Fakten schnell aufzufinden.

(2) *Schutz vor Falschmeldungen*
Die Plattform soll Desinformationen gezielt begegnen und ihre Verbreitung bekämpfen. Das gilt beispielsweise für wiederholt auftauchende Verschwörungstheorien, insbesondere wenn diese volksverhetzende Elemente beinhalten. Inhalte, die als gefälscht oder unwahr entlarvt wurden, sollen gelöscht oder entsprechend markiert werden.

4. Selbstkritische Transparenz
Die wichtigste Voraussetzung zur Erfüllung von Nachhaltigkeitskriterien jedweder Art ist Transparenz. Digitale Kommunikationsplattformen und soziale Medien sollen ihre sämtlichen ökologischen, ökonomischen, sozialen und informationellen Auswirkungen in regelmäßigen Berichten veröffentlichen. Plattformen schulden ihren Nutzer:innen Rechenschaft über Nachhaltigkeitsbemühungen und Fortschritte.

7.5 Zur Anwendung von Nachhaltigkeitskriterien

Die herausgearbeiteten Kriterien können nun zur Beurteilung der ökologischen, ökonomischen, sozialen oder informationellen Nachhaltigkeit sozialer Medien herangezogen werden. Mit Hilfe einer Matrix, in der die Erfüllung jedes Kriteriums mit einem Wert beurteilt wird, kann eine Analyse jeder Kommunikationsplattform erfolgen. Ob diese nur einen Teil der Kriterien (beispielsweise nur die sozialen Kriterien) oder den ganzen Katalog umfasst, hängt von der Fragestellung ab.

Um eine solche Analyse durchführen zu können, müssen entsprechende Zahlen und Nachweise zu der fraglichen digitalen Kommunikationsplattform vorliegen und ein Bewertungssystem geschaffen werden. Das könnte eine Vergabe von Punkten sein – beispielsweise von 0 (nicht zutreffend) bis 10 (voll zutreffend) – aber auch andere Bewertungssysteme sind möglich. Eine konkrete Anwendung des Kriterienkatalogs in einem spezifischen Fall würde den Rahmen dieser Arbeit sprengen. Es bleibt anschließenden Forschungen überlassen, die Idee weiterzutragen und eine konkrete Umsetzung zu erproben.

Tabelle 7.1 zeigt beispielhaft, wie eine solche Matrix für die großen sozialen Medien Facebook, Instagram, X (ehemals Twitter), TikTok und YouTube sowie zum Vergleich das noch kleinere und funktional etwas anders aufgebaute Mastodon aussehen könnte.

Tabelle 7.1 Beispielhafter Aufbau einer Nachhaltigkeitsmatrix für digitale Kommunikationsplattformen

Kriterien	Facebook	Instagram	X	TikTok	YouTube	Mastodon
Langlebigkeit von Hardware						
– *Reparierbarkeit*						
– *Updatefähigkeit*						
Sparsamer Betrieb						
– *Energieeffiziente Programmierung*						
– *Reduktion von Datenmengen*						
– *Energiesparende Grundeinstellungen*						
– *Wenig Ressourcenverbrauch*						
– *Wenig Wasserverbrauch*						
– *Betrieb mit erneuerbaren Energien*						
Beitrag zu nachhaltiger Entwicklung						
– *Wenig/keine Werbung*						
– *Eigenstromproduktion/Abwärmenutzung*						
– *Priorisierung der Ökologie*						
Nachhaltige Finanzierung						
– ...						
– ...						
Demokratische Kontrolle						
– ...						
– ...						
Vermeidung von Machtkonzentration						
Schutz vor Ausbeutung und Ungleichheit						
Schutz von Demokratie und Frieden						
Nutzungsautonomie						
Partizipationskultur						
Konsequenter Datenschutz						
Quelloffenheit und Interoperabilität						
Bekämpfung von Desinformation						
Selbstkritische Transparenz						

Zusammenfassung

8

Die Ergebnisse dieser Forschungsarbeit setzen sich aus den Erkenntnissen der Recherche (Kapitel 3), der Analyse der Literatur (Kapitel 5) und den Aussagen der Expert:innen (Kapitel 6) zusammen. Die Erkenntnisse wurden in den entsprechenden Kapiteln bereits ausführlich erläutert und sollen an dieser Stelle – stark zusammengefasst – auf die zugrunde liegende Forschungsfrage bezogen werden:

Wie kann digitale Kommunikation nachhaltiger werden?

Im Anschluss an die Vorstellung der Ergebnisse folgen eine kritische Würdigung der Arbeit sowie ein abschließendes Fazit.

8.1 Forschungsergebnisse

Teil-Forschungsfragen

F1: *Wo berührt digitale Kommunikation Nachhaltigkeitsthemen und -ziele?*
Digitale Kommunikationsplattformen berühren Nachhaltigkeitsthemen vor allem hinsichtlich ihrer Kosten, beispielsweise durch den Verbrauch mineralischer Rohstoffe in Hardware, Strom zum Betrieb von Infrastruktur oder Wasser zur Kühlung von Rechenzentren. Darüber hinaus betreffen sie in einem hohen Maß soziale Themen wie Arbeitsbedingungen in Produktion und Betrieb, Menschenrechte und soziale Ungleichheiten hinsichtlich Bildung und Chancen. Digitale Kommunikationsplattformen können alle existierenden Gesellschaftsprozesse beeinflussen und tun dies bislang häufig, indem sie bestehende Konflikte verschärfen. Das hat direkte und indirekte Folgen auf politische oder

J. Kollien, *Digitale Nachhaltigkeit als Leitmotiv für Kommunikationsplattformen*, BestMasters, https://doi.org/10.1007/978-3-658-46521-6_8

gesellschaftliche Prozesse weltweit. Desweiteren beeinflusst ihr Umgang mit Daten in einem hohen Maß Themen wie informationelle Selbstbestimmung, Meinungsfreiheit oder dem Zugang zu menschlichem Wissen.

F2: *Was ist hinsichtlich Nachhaltigkeit bei den größten und gängigen Kommunikationsplattformen derzeit besonders kritisch zu bewerten?*
Netzwerkeffekte und Plattformwirtschaft haben dazu geführt, dass einst kleine Webseiten zu weltumspannenden Machtmonopolen herangewachsen sind, die geopolitisch einflussreiche Akteure geworden sind und deren Community-Standards so bedeutsame Folgen haben können wie nationale Gesetze. Durch *Lock-In-Effekte* und zu hohe *Switching Costs* ist die Bereitschaft, die problematische Datenökonomie und das Untergraben der eigenen Privatsphäre zu ertragen, groß. Dadurch haben Unternehmen, aber auch Behörden Zugriff auf Daten, auch durchaus sensible, von Millionen Menschen. Auch ohne konkreten Missbrauch solcher Daten hat bereits die Möglichkeit eines potenziellen Missbrauchs soziale Folgen (*Chilling-Effekt*). Hält dieser Trend an, dann steigt die Wahrscheinlichkeit von Datenmissbrauch und die Bedrohung durch Propaganda oder politischer Verfolgung. Darüber hinaus sind die ökologischen Kosten durch den Verbrauch von Ressourcen, Strom und Wasser bereits hoch und steigen weiter. Auch der weltweite Verlust von Landfläche und Tierarten geht zu einem Teil auf die Bedarfe der Digitalindustrie zurück.

F3: *Welche Kriterien müssten Kommunikationsplattformen erfüllen, damit sie selbst digital nachhaltig sind und zum Erreichen globaler Nachhaltigkeitsziele beitragen?*
Digitale Kommunikationsplattformen haben zumindest theoretisch das Potenzial, an zahlreichen Stellen zum einen selbst nachhaltiger zu werden, zum anderen dazu beizutragen, dass globale Nachhaltigkeitsziele schneller erreicht werden können. Sie müssten sich dafür um die Einhaltung verschiedener ökologischer, wirtschaftlicher, sozialer und informationeller Vorgaben bemühen (siehe Kapitel 7). Dazu gehören eine deutliche Verringerung der Strom-, Wasser- und Rohstoffverbräuche durch Optimierung der Rechenzentren, beispielsweise durch Betrieb mit erneuerbaren Energien und Wasserkreisläufe. Die datengestützten und werbefinanzierten Geschäftsmodelle sind grundsätzlich zu hinterfragen. Plattformen müssten außerdem durch strenge Lieferkettenkontrollen faire Arbeitsbedingungen und Schutz vor Ausbeutung sicherstellen und aktiv dazu beitragen, soziale Ungleichheiten und Diskriminierung von marginalisierten Gruppen abzubauen. Empfehlungsalgorithmen müssten hinsichtlich ihrer sozialen Gefahren – Desinformationen, Hass und Hetze,

Suchtverhalten – überprüft und reguliert werden. Entscheidend sind auch sinnvolle Default-Einstellungen: Datensparsamkeit, konsequenter Schutz der Privatsphäre und keinerlei Weitergabe von profilbildenden Daten. Ein weiterer Aspekt ist die Auflösung der zentralisierten strukturellen Macht großer Plattformen, beispielsweise durch Offenlegung von Quellcodes oder Algorithmen, Interoperabilität und dem Support kleinerer, dezentraler und/oder lokaler Plattformen.

Hypothesen

H1: *Digitale Kommunikation spielt im Kontext globaler ökologischer, wirtschaftlicher und sozialer Nachhaltigkeit eine wichtige Rolle.*
Die Nutzung digitaler Kommunikationsplattformen ist keineswegs immaterieller Natur, sondern verursacht ökologische und soziale Kosten – diese sind derzeit als höher einzustufen als die ökologischen und sozialen Gewinne. Der Einfluss digitaler Kommunikation auf globale Prozesse und Nachhaltigkeitsfragen ist nach den Erkenntnissen dieser Arbeit sogar größer als im Allgemeinen angenommen.

H2: *Proprietäre Dienste und Plattformen, insbesondere Dienste und Plattformen der „Big Five", sind im Kern nicht mit den Nachhaltigkeitszielen vereinbar.*
Da ein Teil der Nachhaltigkeitskriterien die Marktmacht und Oligopolstellung ganz grundsätzlich adressiert, ist die Hypothese bereits dadurch bestätigt. Darüber hinaus soll an dieser Stelle bemerkt werden, dass die „Big Five" in Bezug auf Nachhaltigkeit unterschiedliche thematische Schwerpunkte und Problembereiche haben: So fällt Apple beispielsweise durch oft langlebigere Produkte und strengeren Datenschutz auf, bindet allerdings durch proprietäre Schnittstellen und apple-spezifische Plattformen stärker als alle anderen Unternehmen die Kund:innen an das eigene Produkt-Ökosystem. Auch Microsoft unterwandert beständig die Nutzungsautonomie, indem es beispielsweise die eigenen Produkte bevorzugt, keine Deinstallation von vorinstallierter *Bloatware*[1] erlaubt oder die Nutzung von freier Software künstlich erschwert. Amazon verhält sich insbesondere bei den Themen Datenschutz und Arbeitsbedingungen unnachhaltig und ist durch den Anreiz zu weiterem Konsum ein zusätzlicher Treiber ökologischer Belastungen. Google ist vor allem hinsichtlich seiner Datenmacht nicht mit Nachhaltigkeitszielen vereinbar. Daneben ist auch

[1] Als *Bloatware* (dt. „Bläh-Software") wird die für das eigentliche Produkt unnötige und oft aus reinen Marketinggründen vorinstallierte Software bezeichnet.

die nur mit hohem Aufwand verbundene Umgehbarkeit einer Registrierung kritisch zu bewerten – Google-Konten sind für den Download nicht-freier Apps[2] auf das Smartphone und für eine personalisierte Nutzung der Plattform YouTube unerlässlich. Auch Google untergräbt die Nutzungsautonomie durch Vorinstallation zahlreicher, nur mit viel Aufwand entfernbarer Google-Bestandteile auf dem Open-Source-Betriebssystem Android. Der Konzern Meta, zu dem nicht nur Facebook, sondern auch Instagram und der am stärksten verbreitete Messenger WhatsApp gehören, ist hinsichtlich seiner marktbeherrschenden Position, des exzessiven Trackings und Handels mit personenbezogenen Daten sowie des hohen Werbeanteils ebenfalls als besonders unnachhaltig einzustufen.

H3: *Dem Nachhaltigkeitsbegriff sollte eine vierte Dimension – die informationelle Dimension – hinzugefügt werden.*
Sowohl Volker Grassmuck als auch der Arbeitskreis Nachhaltigkeit der Gesellschaft für Informatik (siehe Abschnitt 5.3) sprechen explizit von einer „informationellen Nachhaltigkeit" und der Relevanz von Information, Datenschutz und Zugang zu Wissen. Döring und Stürmer et al. betonen ebenfalls die Wichtigkeit von Zugänglichkeit und Transparenz bei digitalen Gütern, was unter informationelle Faktoren fällt. Durch eine zusätzliche Nachhaltigkeitsdimension – die Säule der informationellen Nachhaltigkeit – wird solchen Forderungen Rechnung getragen und informationellen Faktoren ihre Relevanz im Kontext digitaler Nachhaltigkeit zugestanden.

8.2 Kritische Würdigung

Ziel der vorliegenden Arbeit war es, das Konzept von Nachhaltigkeit auf digitale Kommunikationsplattformen anzuwenden. Dafür mussten zunächst ein Verständnis des Nachhaltigkeitsbegriffs sowie ein anwendbares Modell geschaffen werden. Ferner war eine ausführliche Recherche zu den vielen Berührungspunkten von Digitalindustrie und Nachhaltigkeitsthemen notwendig, um anhand dieser einen Leitfaden zur Datenerhebung und im Anschluss den Entwurf eines Kriterienkatalogs zu erarbeiten. Das Ziel wurde erreicht, wenngleich in dieser Arbeit wenig auf das äußerst umfangreiche Thema *Machine Learning*/Künstliche Intelligenz eingegan-

[2] Quelloffene Apps können anonym über den freien App-Store *F-Droid* geladen werden, der eine hohe Nutzungsautonomie zusichert, jedoch keine proprietäre Software anbietet.

gen werden konnte – die ökologischen und ethischen Implikationen diesbezüglich füllen eine separate Forschungsarbeit. Ebenso ist die Anwendung des erarbeiteten Katalogs auf konkrete digitale Kommunikationsplattformen Gegenstand zukünftiger Forschung.

Aufgrund des sehr jungen und bislang kaum beschriebenen Forschungsbereichs bot sich die Kombination aus mehreren qualitativen Erhebungsmethoden an. Die Literaturanalyse ermöglichte eine solide wissenschaftliche Annäherung an ein für die Forschungsfragen geeignetes Konzept. Darüber hinaus ergab sich durch den Vergleich der untersuchten Publikationen eine fachliche Schwerpunktsetzung – beispielsweise hinsichtlich informationeller Kriterien wie Datenschutz.

Da es sich zudem um ein interdisziplinäres Forschungsthema handelt, wurden auch die Expert:innen interdisziplinär ausgewählt. Die Ergebnisse der Leitfadeninterviews waren in der Folge divers, allerdings in keinem einzigen Fall widersprüchlich. Bei einigen Fragen konnte außerdem eine auffällige Übereinstimmung der Expertenmeinungen festgestellt werden – beispielsweise bei der Einschätzung werbefinanzierter Geschäftsmodelle. Insgesamt decken sich die Erkenntnisse aus den Interviews mit der bislang verfügbaren Fachliteratur.

Hinsichtlich der erarbeiteten Nachhaltigkeitskriterien bleiben einige Fragen offen. So kann diese Arbeit weder ein Urteil darüber abgeben, wie realistisch eine Erfüllung der einzelnen Nachhaltigkeitskriterien wäre, noch darüber, ob derartige Änderungen gesellschaftliche Akzeptanz erfahren würden. Die gesammelten Nachhaltigkeitskriterien müssen zudem nicht den Anspruch erfüllen, in sich vollkommen widerspruchsfrei zu sein. Der Arbeitskreis Nachhaltigkeit der Gesellschaft für Informatik wies in seinem Diskussionspapier bereits auf einen wichtigen Umstand hin (AKNHGI 2022: 8): Nachhaltigkeitskriterien – ob nun rein auf die digitale Infrastruktur bezogen oder allgemeiner – weisen häufig Zielkonflikte auf. Das gilt auch für die in dieser Arbeit gesammelten Kriterien für Nachhaltigkeit bei Kommunikationsplattformen. Föderierte Netzwerke scheinen zunächst erst einmal nachhaltiger: Da sie weniger stark frequentiert sind, verbrauchen sie auch weniger Energie und sammeln weniger Daten als große, globale Plattformen wie Twitter oder Instagram. Würde die Auslastung entsprechend der Nutzung jedoch auf die selbe Größe hochskaliert, hätten zentralisierte Systeme im Vergleich den geringeren Stromverbrauch vorzuweisen. Generell lässt sich ein im Kleinen gut funktionierendes System nicht ohne Weiteres auf die Ansprüche großer globaler Plattformen übertragen. Beim dezentralen Microbloggingdienst Mastodon gelten abgesehen von einer allgemeinen Netiquette die Regeln der jeweiligen Instanz, auf der die Nutzer:innen sich bewegen. Diesen „Luxus“ kann Mastodon sich (noch) leisten, da es im Vergleich zum proprietären Bruder X (ehemals Twitter) viel weniger Probleme mit Hasspostings und Desinformation hat. Auf die gleiche Nutzerzahl hochskaliert stünde die

Mastodon-Community vor dem gleichen Problem, was Content Moderation betrifft. Ähnliches gilt auch in Bezug auf die Finanzierung. Kleinere Plattformen lassen sich verhältnismäßig problemlos durch freiwillige Spenden aufrechterhalten, doch ein rein spendenfinanziertes Netzwerk in der Größe von Facebook scheint unvorstellbar. Wenn nun die gängigen Geschäftsmodelle, die vor allem auf Datenhandel und Werbung basieren, als unnachhaltig kritisiert werden, erscheinen Mitgliedsbeiträge als die einzige logische Alternative[3] – doch widerspricht diese Idee dem Kriterium einer barrierefreien und leistbaren Teilhabe.

Aus diesen Gründen soll an der Stelle besonders darauf hingewiesen werden, dass sich weder diese noch andere Nachhaltigkeitskriterien wie eine Schablone anlegen oder wie eine Checkliste abhaken lassen. Für einige Widersprüche mag es Lösungen geben – beispielsweise wenn eine starke Nachhaltigkeit zu Grunde gelegt wird, da dann die ökologischen Aspekte überwiegen. Für andere Zielkonflikte gibt es diese Lösung nicht. Es wird nicht Aufgabe der (Medien-)Wissenschaften sein, einen Lösungsalgorithmus zu erstellen, sondern es muss Aufgabe der demokratischen Gesellschaft sein, diese Themen im eigenen Interesse einer nachhaltigen Entwicklung zu diskutieren und politische Forderungen zu stellen. Was es dafür jedoch zwingend braucht, ist eine andauernde kritische, wissenschaftliche und öffentliche Auseinandersetzung mit den Folgen menschlichen Handelns und digitaler Technologien für den Planeten und soziales Miteinander.

8.3 Schlussfolgerung & Ausblick

In der Ökologie besteht Konsens, dass eine Vielfalt an Lebensräumen, Arten und Genen zu einem gesünderen, stabileren und insgesamt langlebigeren Gesamtsystem beitragen. Übertragen auf das digitale Ökosystem stellt sich zwangsläufig die Frage, wie eine derartige gesunde Diversität gepflegt werden kann und ob Tech-Giganten nicht langfristig als toxische Monokulturen begriffen werden müssen.

Wenn privatwirtschaftlich getragene soziale Netzwerke die Kapitalmacht großer Staaten überschreiten, verstärken sich globale Ungleichgewichte um ein Vielfaches. Die ökonomischen Unternehmensinteressen hebeln die sozialen Interessen und den Schutz der ökologischen Ressourcen aus. Ohne Beschränkung dieser Machtverhältnisse und ohne demokratische Gestaltung werden digitale Plattformen die bestehenden gesellschaftlichen Missverhältnisse eher verschärfen als auflösen. Das hängt nicht zuletzt mit ihren Zielen und ihrer Funktionsweise zusammen: „Nicht Dezen-

[3] Kleine Unkostenbeiträge sind bei vereinzelten Fediverse-Instanzen teilweise üblich, siehe zum Beispiel https://digitalcourage.social.

tralisierung, Demokratisierung und Kooperation, sondern Konzentration, Kontrolle und Macht sind [...] die Schlüsselprozesse und -kategorien, mit denen sich die wesentlichen Entwicklungstendenzen des (kommerziellen) Internets angemessen erfassen lassen." (Dolata 2015: 525)

Wenn digitale Kommunikationsplattformen entweder ohne das Wissen der Nutzer:innen persönliche Daten sammeln, deren Einwilligung über persuasive Designs gewinnen oder Netzwerkeffekte ausnutzen, dann untergraben sie damit das Grundrecht auf Privatsphäre. Soziale Medien bei Unzufriedenheit mit ihrer Funktionsweise einfach zu boykottieren ist für die Mehrheit der Nutzer:innen allerdings ein zu hoher Preis – Netzwerkeffekte (siehe Abschnitt 3.3) spielen eine wichtige Rolle bei der Entscheidung, eine Kommunikationsplattform zu verwenden oder nicht. Die aktive Nutzung von Facebook, TikTok oder Instagram mit einer ausdrücklichen Befürwortung ihrer Geschäftsbedingungen gleichzusetzen, verkennt jedoch, dass es sich um eine oft unfreie Entscheidung handelt – Kommunikation ist eine *conditio sine qua non* menschlichen Lebens.

Das Internet und die moderne, digitale Kommunikation sind bedeutende technologische Errungenschaften. Bei allen Vorteilen und Annehmlichkeiten, die vor allem soziale Medien mit sich bringen, kommt im öffentlichen Diskurs mitunter zu kurz, dass digitale Technologie und digitale Kommunikation eigene, teilweise versteckte Kosten verursachen. Die Rechnung dafür werden kommende Generationen tragen – wie häufig bei unreguliert genutzten Technologien. Aus diesem Grund besteht weiterhin eine Notwendigkeit für die Medien- und Kommunikationswissenschaften, sich mit Nachhaltigkeit im Kontext sozialer Medien auseinanderzusetzen. Das schließt neben den gängigen Dimensionen ökologischer, ökonomischer und sozialer Nachhaltigkeit auch informationelle Nachhaltigkeit ein.

Literaturverzeichnis

Andrae, A. & Edler, T. (2015): *On Global Electricity Usage of Communication Technology: Trends to 2030* (Forschungsbericht, Huawei Techn. Sweden), https://files.ifi.uzh.ch/hilty/t/Literature_by_RQs/RQ%20107/2015_Andrae_Edler_Golbal_Electricity_Usage_of_ICT.pdf [Zugriff: 20.07.2024.] (Tippfehler in URL ist korrekt.)

Alfter, B. (2019, 1. Januar): *Automating Society – Taking Stock of Automated Decision-Making in the EU* (Report, AlgorithmWatch, Bertelsmann Stiftung and Open Society Foundation). AlgorithmWatch.org, https://algorithmwatch.org/de/wp-content/uploads/2019/02/Automating_Society_Report_2019.pdf [Zugriff: 20.07.2024].

Allianz (2023, 26. September): *Allianz Global Wealth Report 2023: The next chapter.* Allianz, https://www.allianz.com/content/dam/onemarketing/azcom/Allianz_com/economic-research/publications/allianz-global-wealth-report/2023/2023-09-26-GlobalWealthReport.pdf [Zugriff: 20.07.2024].

AKNHGI/Arbeitskreis Nachhaltigkeit der Gesellschaft für Informatik (2022): *Nachhaltigkeitskriterien für digitale Plattformen* (Diskussionspapier, Gesellschaft für Informatik). ak-nachhaltigkeit.gi.de, https://cloud.wechange.de/s/8gPJaXTnf4dEg5R [Zugriff: 20.07.2024].

Almond, R.E.A., Grooten, M., & Petersen, T. (Hrsg.) (2020): *Living Planet Report 2020 – Bending the curve of biodiversity loss.* Gland, Switzerland: WWF, https://files.worldwildlife.org/wwfcmsprod/files/Publication/file/279c656a32_ENGLISH_FULL.pdf [Zugriff: 20.07.2024].

Amnesty International (2021, 11. August):*Ethiopia: ‚I don't know if they realized I was a person': Rape and sexual violence in the conflict in Tigray, Ethiopia.* Amnesty.org, https://www.amnesty.org/en/documents/afr25/4569/2021/en/ [Zugriff: 20.07.2024].

Amnesty International (2022, 29. September): *Myanmar: The social atrocity: Meta and the right to remedy for the Rohingya.* Amnesty.org, https://www.amnesty.org/en/documents/asa16/5933/2022/en/ [Zugriff: 20.07.2024].

Appel, M. (Hrsg.): *Die Psychologie des Postfaktischen – über Fake News, ‚Lügenpresse', Clickbait und Co.* Berlin: Springer-Verlag.

Appel, M. & Doser, N. (2020): Fake News. In: Appel, M. (Hrsg.): Die Psychologie des Postfaktischen – über Fake News, ‚Lügenpresse', Clickbait und Co. Berlin: Springer-Verlag, S. 9–20.

J. Kollien, *Digitale Nachhaltigkeit als Leitmotiv für Kommunikationsplattformen*, BestMasters, https://doi.org/10.1007/978-3-658-46521-6

Appel, M. & Mehretab, S. (2020): Verschwörungstheorien. In: Appel, M. (Hrsg.): *Die Psychologie des Postfaktischen – über Fake News, ‚Lügenpresse', Clickbait und Co.* Berlin: Springer-Verlag, S. 117–126.

Ariina, H. F. (2019): Tribal Philosophy: An Epistemological Understanding on Tribal Worldview. In: Behera, M. C. (Hrsg.): *Shifting Perspectives in Tribal Studies: From an Anthropological Approach to Interdisciplinarity and Consilience*. Singapur: Springer Singapore, S. 351–370.

Atkinson, A. B., Piketty, T. & Saez, E. (2011): Top Incomes in the long run of history. Journal of Economic Literature, 49 (1), S. 3–71, https://doi.org/10.1257/jel.49.1.3. [Zugriff: 20.07.2024].

Bardi, Ugo (2013): *Der geplünderte Planet.* München: oekom-Verlag.

BICC/Bonn International Center for Conversion (2012, 1. Januar): *Fallstudie Demokratische Republik Kongo: Rohstoffreichtum, Armut und Konflikte.* Bundeszentrale für politische Bildung, https://sicherheitspolitik.bpb.de/de/m4/articles/case-study-democratic-republic-of-the-congo [Zugriff: 20.07.2024].

Biddle, S., Ribeiro, P. V. & Dias, T. (2020, 16. März): *Invisible Censorship – Tiktok told moderators to suppress posts by „ugly" people and the poor to attract new users.* The Intercept, https://theintercept.com/2020/03/16/tiktok-app-moderators-users-discrimination/ [Zugriff: 20.07.2024].

Biermann, K. (2018, 10. Juni): *Illegale Arbeitsbedingungen bei Amazon-Zulieferer.* Zeit Online, https://www.zeit.de/wirtschaft/unternehmen/2018-06/amazon-foxconn-china-echo-arbeitsschutz [Zugriff: 20.07.2024].

Binns, R. et al. (2018, 15. Mai): *Third Party Tracking in the Mobile Ecosystem.* WebSci '18: Proceedings of the 10th ACM Conference on Web Science, S. 23–31. https://doi.org/10.1145/3201064.3201089.

Bischoff, P. (2022, 25. März): *Data privacy laws & government surveillance by country: Which countries best protect their citizens?* Comparitech, https://www.comparitech.com/blog/vpn-privacy/surveillance-states/ [Zugriff: 20.07.2024].

Biselli, A. (2016, 20. Oktober): Überwachungspraktiken des BND: Selbst legalisiert verstoßen sie gegen die Verfassung. Netzpolitik.org, https://netzpolitik.org/2016/ueberwachungspraktiken-des-bnd-selbst-legalisiert-verstossen-sie-gegen-die-verfassung/ [Zugriff: 20.07.2024].

BKA/Bundeskriminalamt (2019, 6. Juni): *Vierter bundesweiter Aktionstag gegen Hasspostings* (Pressemitteilung). Bundeskriminalamt, https://www.bka.de/DE/Presse/Listenseite_Pressemitteilungen/2019/Presse2019/190606_AktionstagHasspostings.html [Zugriff: 20.07.2024].

Bleich, H. (2023, 4. Juni): *Mega-Bußgeld gegen Meta.* Heise Magazin online, https://www.heise.de/news/Mega-Bussgeld-gegen-Meta-9067722.html [Zugriff: 20.07.2024].

BMWT/Bundesministerium für Wirtschaft und Technologie, o. Verf. (2007): *Gutachten vom 24. März 2007. Thema: „Patentschutz und Innovationen".* Berlin/Boston: Walter de Gruyter. https://doi.org/10.1515/9783110505405-029.

Bogner, A., Littig, B. & Menz, W. (2014): *Interviews mit Experten: Eine praxisorientierte Einführung*. Bohnsack, R. et al. (Hrsg.): Qualitative Sozialforschung. Wiesbaden, Springer VS.

Bookhagen, B. & Bastian, D. (2020): *Metalle in Smartphones*. Deutsche Rohstoffagentur, Bundesanstalt für Geowissenschaften und Rohstoffe, https://www.bgr.bund.de/DE/Gemeinsames/Produkte/Downloads/Commodity_Top_News/Rohstoffwirtschaft/65_smartphones.pdf?__blob=publicationFile&v=6 [Zugriff: 20.07.2024].

Brand, K.-W., Fuerst, V., Lange, H. & Warsewa, G. (2001): *Bedingungen einer Politik für Nachhaltige Entwicklung*. In: Balzer, I. & Wächter, M. (Hrsg.): Sozial-ökologische Forschung. Ergebnisse der Sondierungsprojekte aus dem BMBF-Förderschwerpunkt, S. 91–110, https://www.researchgate.net/publication/37928955_Bedingungen_einer_Politik_fuer_Nachhaltige_Entwicklung [Zugriff: 20.07.2024].

Brondizio, E. S. et al. (Hrsg.) (2019): *Global assessment report on biodiversity and ecosystem services of the Intergovernmental Science-Policy Platform on Biodiversity and Ecosystem Services*. Bonn: IPBES, https://doi.org/10.5281/zenodo.3831673.

Carlowitz, H. C. von (1713): *Sylvicultura oeconomica : hausswirthliche Nachricht und naturmäßige Anweisung zur wilden Baum-Zucht*. Leipzig: J. F. Braun (Original: München: Bavarian State Library.), https://archive.org/details/bub_gb__nFDAAAAcAAJ/ [Zugriff: 20.07.2024].

Ceballos, G. et al. (2015): Accelerated modern human-induced specieslosses: Entering the sixth mass extinction. *Science Advances*, 1 (5), https://doi.org/10.1126/sciadv.1400253.

Ceballos, G., Ehrlich, P. R. & Dirzo, R. (2017): Biological annihilation via the ongoing sixth mass extinction signaled by vertebrate population losses and declines. *Proceedings of the National Academy of Sciences (PNAS)*, 114 (30), https://doi.org/10.1073/pnas.1704949114.

China Labor Watch (2016, 24. August): *Apple is the Source of Mistreatment of Chinese Workers*. China Labor Watch, https://chinalaborwatch.org/apple-is-the-source-of-mistreatment-of-chinese-workers/ [Zugriff: 20.07.2024].

China Labor Watch (2018, 5. Mai): *200,000 Petitions and Counting: Health, Labor and Environment Groups Say „Clean Up Samsung" Global Day Of Action Against Samsung*. China Labor Watch, https://chinalaborwatch.org/200000-petitions-counting-health-labor-environment-groups-say-clean-up-samsung-global-day-of-action-against-samsung/ [Zugriff: 20.07.2024].

China Labor Watch (2021, 22. Juni): *Forced Labor Whistleblower Was Sent To Prison By Amazon Supply Chain Foxconn*. China Labor Watch, https://chinalaborwatch.org/forced-labor-whistleblower-was-sent-to-prison-by-amazon-supply-chain-foxconn/ [Zugriff: 20.07.2024].

Crouch, C. (2019): *Gig Economy – Prekäre Arbeit im Zeitalter von Uber, Minijobs & Co*. Berlin: Suhrkamp Verlag.

Dachwitz, I. (2021a, 8. September): *Wo das eigentliche Privacy-Problem von WhatsApp liegt*. Netzpolitik.org, https://netzpolitik.org/2021/metadaten-wo-das-eigentliche-privacy-problem-von-whatsapp-liegt/ [Zugriff: 20.07.2024].

Dachwitz, I. (2021b, 29. Dezember): *Niederlande zahlen Millionenstrafe wegen Datendiskriminierung*. Netzpolitik.org, https://netzpolitik.org/2021/kindergeldaffaere-niederlande-zahlen-millionenstrafe-wegen-datendiskriminierung/ [Zugriff: 20.07.2024].

Daum, T. (2022, 5. Dezember): *Das Sozialkreditsystem in China – Ein Flickenteppich aus nachholenden digitalen Governance-Experimenten*. Rosa-Luxemburg-Stiftung, https://www.rosalux.de/news/id/49625/das-sozialkreditsystem-in-china [Zugriff: 20.07.2024].

De Haan, P. et al. (2015): *Rebound-Effekte: Ihre Bedeutung für die Umweltpolitik* (Studie im Auftrag des Umweltbundesamts, Kennzahl 371114104). Umweltbundesamt, https://www.umweltbundesamt.de/sites/default/files/medien/376/publikationen/texte_31_2015_rebound-effekte_ihre_bedeutung_fuer_die_umweltpolitik.pdf [Zugriff: 20.07.2024].

Decker, F. & Lewandowsky, M. (2017, 10. Januar): *Rechtspopulismus: Erscheinungsformen, Ursachen und Gegenstrategien.* Bundeszentrale für politische Bildung, https://www.bpb.de/themen/parteien/rechtspopulismus/240089/rechtspopulismus-erscheinungsformen-ursachen-und-gegenstrategien/ [Zugriff: 20.07.2024].

DGB / Deutscher Gewerkschaftsbund (2021, 22. März): *DGB-Position zur Plattformarbeit* (Positionspapier des Deutschen Gewerkschaftsbunds). DGB, https://www.dgb.de/fileadmin/download_center/Positionen_und_Thesen/DGB-Positionspapier_Plattformarbeit.pdf [Zugriff: 20.07.2024].

Diefenbacher, H. et al. (1997): *Nachhaltige Wirtschaftsentwicklung im regionalen Bereich, ein System von ökologischen, ökonomischen und sozialen Indikatoren.* Heidelberg: Forschungsstätte der Evangelischen Studiengemeinschaft e. V. (FEST).

DIVSI/Deutsches Institut für Vertrauen und Sicherheit im Internet (2018): *Euphorie war gestern: Die „Generation Internet" zwischen Glück und Abhängigkeit* (Grundlagenstudie, SINUS-Institut Heidelberg). DIVSI, https://www.divsi.de/wp-content/uploads/2018/11/DIVSI-U25-Studie-euphorie.pdf [Zugriff: 20.07.2024].

Dolata, U. (2015): Volatile Monopole. Konzentration, Konkurrenz und Innovationsstrategien der Internetkonzerne. *Berliner Journal für Soziologie*, 24, S. 505–529, https://doi.org/10.1007/s11609-014-0261-8.

Döring, R. (2004) : *Wie stark ist schwache, wie schwach starke Nachhaltigkeit?* (Wirtschaftswissenschaftliche Diskussionspapiere, Universität Greifswald, Rechts- und Staatswissenschaftliche Fakultät). Econstor, https://www.econstor.eu/dspace/bitstream/10419/22095/1/08_2004.pdf [Zugriff: 20.07.2024].

Dresing, T. & Pehl, T. (2017). Transkriptionen qualitativer Daten. In: Mey, G. & Mruck, K. (Hrsg.): *Handbuch Qualitative Forschung in der Psychologie.* Springer Reference Psychologie . Wiesbaden, Springer VS, S. 1–20.

Einwächter, S. G. (2023): *Wissenschaftsethnografie in der Medienwissenschaft.* MEDIENwissenschaft: Rezensionen & Reviews, 40 (3), S. 263–280. https://doi.org/10.25969/mediarep/19983.

Eisele, I. (2022, 22. September): *Bolsonaro und der Regenwald: eine Bilanz.* DeutscheWelle, https://www.dw.com/de/bolsonaro-und-der-regenwald-eine-bilanz/a-63060457 [Zugriff: 20.07.2024].

Engeler, M. (2022, 2. Oktober): *Wie falsch verstandener Datenschutz wirksame Regulierung verhindert.* Tagesspiegel Background, https://background.tagesspiegel.de/digitalisierung-und-ki/briefing/wie-falsch-verstandener-datenschutz-wirksame-regulierung-verhindert [Zugriff: 20.07.2024].

Enquete-Kommission (1998): *Abschlußbericht der Enquete-Kommission ‚Schutz des Menschen und der Umwelt – Ziele und Rahmenbedingungen einer nachhaltig zukunftsverträglichen Entwicklung'.* (Bericht, Deutscher Bundestag, Drucksache 13/11200). Bundestag, https://dserver.bundestag.de/btd/13/112/1311200.pdf [Zugriff: 20.07.2024].

Festinger, L. (1954): A Theory of Social Comparison Processes. In: *Human Relations*, 7 (2), S. 117–140.

Forster, Piers M. et al. (2020): Current and future global climate impacts resulting from COVID-19. In: *Natural Climate Change*, 10, S. 913–919.

Förster, M., A. Llena-Nozal & V. Nafilyan (2014): Trends in Top Incomes and their Taxation in OECD Countries. *OECD Social, Employment and Migration Working Papers*, 159. https://doi.org/10.1787/5jz43jhlz87f-en.

Forti, V., Baldé, C. P., Kuehr, R. & Bel, G. (2020): *Global E-Waste Monitor 2020 – Quantities, flows, and the circular economy potential* (Bericht, United Nations University(UNU)/United Nations Institute for Training and Research (UNITAR)). International Telecommunication Union, https://www.itu.int/en/ITU-D/Environment/Documents/Toolbox/GEM_2020_def.pdf [Zugriff: 20.07.2024].

Friedlingstein, P. et al. (2022, 5. Dezember): Global Carbon Budget 2022. *Earth System Science Data*, 14 (11). Göttingen: Copernicus Publications, https://essd.copernicus.org/articles/14/4811/2022/ [Zugriff: 20.07.2024].

Gaillard, E. (2021): *The Global Risks Report 2021. Global Risks Report* (16. Aufl.). Insight Report, World Economic Forum / WEF, https://www3.weforum.org/docs/WEF_The_Global_Risks_Report_2021.pdf [Zugriff: 20.07.2024].

Geeraerts, K., Illes A. & Schweizer, J.-P. (2015): *Illegal shipment of e-waste from the EU: A case study on illegal e-waste export from the EU to China.* A study compiled as part of the EFFACE project. London: IEEP.

Geller, A. (2022): Social Scoring durch Staaten – Legitimität nach europäischem Recht – mit Verweisen auf China (Dissertation, Ludwig-Maximilians-Universität München). Elektronische Hochschulschriften der Universitätsbibliothek der Ludwig-Maximilians-Universität München, https://edoc.ub.uni-muenchen.de/31151/1/Geller_Anja.pdf [Zugriff: 20.07.2024].

Geomar, o. Verf. (2020): *Simulierter Manganknollen-Abbau beeinträchtigt die Ökosystemfunktion von Tiefseeböden.* Geomar, https://www.geomar.de/news/article/simulierter-manganknollen-abbau-beeintraechtigt-die-oekosystemfunktion-von-tiefseeboeden [Zugriff: 20.07.2024].

Gilman, N. (2020, 7. Februar): *The Coming Avocado Politics – What Happens When the Ethno-Nationalist Right Gets Serious about the Climate Emergency.* The Breakthrough Institute, https://thebreakthrough.org/journal/no-12-winter-2020/avocado-politics [Zugriff: 20.07.2024].

Global Witness (2007): *Conflict.* Global Policy Forum, https://archive.globalpolicy.org/component/content/article/198-natural-resources/40124-definition-of-conflict-resources.html [Zugriff: 20.07.2024].

Google (2023): *Environmental Report 2023.* Sustainability.google, https://sustainability.google/reports/google-2023-environmental-report/ [Zugriff: 20.07.2024].

Graedel, T. et al. (2011): What Do We Know About Metal Recycling Rates? *Journal of industrial ecology*, 15, S. 355–366.

Grassmuck, V. (2004): Freie Software – Zwischen Privat- und Gemeineigentum (2. Aufl.). Schriftenreihe, Band 458. Bonn: Bundeszentrale für politische Bildung, https://freie-software.bpb.de/Grassmuck.pdf [Zugriff: 20.07.2024].

Grimm, R. & Delfmann, P. (2017): *Digitale Kommunikation* (2. Aufl.). Berlin/Boston: Walter de Gruyter.

Groeschel, P. (2022, 4. Juli): *Plattformarbeit: Wie Ungleichheiten in die digitale Arbeitswelt mitziehen.* Netzpolitik.org, https://netzpolitik.org/2022/plattformarbeit-wie-ungleichheiten-in-die-digitale-arbeitswelt-mitziehen/ [Zugriff: 20.07.2024].

Gruber, A. (2017, 28. Dezember): *Volle Kontrolle*. Spiegel Netzwelt, https://www.spiegel.de/netzwelt/netzpolitik/china-social-credit-system-ein-punktekonto-sie-alle-zu-kontrollieren-a-1185313.html [Zugriff: 20.07.2024].

Hacon, S. d. S. et al. (2020): Mercury Exposure through Fish Consumption in Traditional Communities in the Brazilian Northern Amazon. In:*International Journal of Environmental Research and Public Health*, 17(15), https://doi.org/10.3390/ijerph17155269.

Hanfeld, M. (2022, 11. März): *Tod den Invasoren*. Frankfurter Allgemeine Zeitung, https://www.faz.net/aktuell/feuilleton/medien/facebook-lockert-regeln-fuer-den-krieg-in-der-ukraine-17870818.html [Zugriff: 20.07.2024].

Hartig, G. L. (1804): *Anweisung zur Taxation und Beschreibung der Forste*. Gießen/Darmstadt: Georg Friedrich Heyer. (Original: wissenschaftshistorische Bestände ETH-Bibliothek Zürich), https://doi.org/10.3931/e-rara-21142.

Hauff, V. (Hrsg.) (1987): *Unsere gemeinsame Zukunft: der Brundtland-Bericht der Weltkommission für Umwelt und Entwicklung*. Greven: Eggenkamp.

Heldt, A. (2020, 23. Juni): *Loi Avia: Frankreichs Verfassungsrat kippt Gesetz gegen Hass im Netz*. JuWissBlog 96/2020, https://www.juwiss.de/96-2020/ [Zugriff: 20.07.2024].

Helfferich, C. (2019): Leitfaden- und Experteninterviews. In: Baur, N., Blasius, J. (Hrsg.): *Handbuch Methoden der empirischen Sozialforschung*. Wiesbaden: Springer VS, S. 559–574.

Herbstreuth, M. (2021, 7. Dezember): *Facebook wegen Rohingya-Genozid verklagt. „Wir haben Facebook alarmiert, sie haben überhaupt nicht reagiert"*. Deutschlandfunk, https://www.deutschlandfunk.de/rohingya-klage-facebook-100.html [Zugriff: 20.07.2024].

Herrington, G. (2020): Update to limits to growth: Comparing the world3 model with empirical data. *Journal of Industrial Ecology*, 25, S. 614–626.

Hickel, J. (2019): The contradiction of the sustainable development goals: Growth versus ecology on a finite planet. *Sustainable Development*, 27 (5), S. 873–884.

Hoang, K. S. (2012, 30. Juli): *Die am meisten verfolgte Minderheit der Welt*. Der Standard, https://www.derstandard.at/story/1342947886873/die-rohingya-haben-den-status-von-freiwild [Zugriff: 20.07.2024].

Holland, M. (2021, 10. März): *Cloud-Dienstleister OVH: Feuer zerstört Rechenzentrum, ein weiteres beschädigt*. heise online, https://heise.de/-5076320 [Zugriff: 20.07.2024].

Hölig, S., Behre, J., & Schulz, W. (2022): *Reuters Institute Digital News Report 2022: Ergebnisse für Deutschland* (Arbeitspapiere des Hans-Bredow-Instituts, 63). Hamburg: Verlag Hans-Bredow-Institut, https://doi.org/10.21241/ssoar.79565.

Holtz, P. & Kimmerle, J. (2020): ‚Lügenpresse' und der Hostile-Media-Effekt. In: Appel, M. (Hrsg.): *Die Psychologie des Postfaktischen – über Fake News, ‚Lügenpresse', Clickbait und Co.* Berlin: Springer-Verlag, S. 21–32.

Howard, P. N. & Kollanyi, B. (2016, 20. Juni): Bots, #StrongerIn, and #Brexit: Computational Propaganda during the UK-EU Referendum (COMPROP Research Note 2016-1). Oxford: Project on Computational Propaganda, https://doi.org/10.2139/ssrn.2798311.

Human Rights Watch, o. Verf. (2018, 14. Februar): *Deutschland: NetzDG mangelhafter Ansatz gegen Online-Vergehen – Gefährliches Vorbild für andere Länder*. Human Rights Watch, https://www.hrw.org/de/news/2018/02/14/deutschland-netzdg-mangelhafter-ansatz-gegen-online-vergehen [Zugriff: 20.07.2024].

Human Rights Watch, o. Verf. (2021, 19. April): *China: Crimes Against Humanity in Xinjiang*. Human Rights Watch, https://www.hrw.org/news/2021/04/19/china-crimes-against-humanity-xinjiang [Zugriff: 20.07.2024].

Human Rights Watch, o. Verf. (2023, 21. Februar): *„All this terror because of a photo" – Digital Targeting and Its Offline Consequences for LGBT People in the Middle East and North Africa*. Human Rights Watch, https://www.hrw.org/report/2023/02/21/all-terror-because-photo/digital-targeting-and-its-offline-consequences-lgbt [Zugriff: 20.07.2024].

Imbery, F. et al. (2023, 23. Januar): *Klimatologischer Rückblick auf 2022*. Deutscher Wetterdienst/Leistungen, https://www.dwd.de/DE/leistungen/besondereereignisse/temperatur/20230123_klimarueckblick-2022.pdf [Zugriff: 20.07.2024].

Jensen, M. (2022, 1. März): *US-Tech-Giganten reagieren auf Ukraine-Krieg*. Manager Magazin (online), https://www.manager-magazin.de/unternehmen/tech/apple-google-facebook-us-tech-giganten-reagieren-auf-ukraine-krieg-a-df326471-2d54-4e6f-b507-3a32f92ff85f [Zugriff: 20.07.2024].

Johnson, D. (2009): *Kongo – Kriege, Korruption und die Kunst des Überlebens* (2. Aufl). Frankfurt: Brandes & Apsel Verlag.

Kaiser, R. (2021): *Qualitative Experteninterviews: Konzeptionelle Grundlagen und praktische Durchführung* (2. Aufl.). Wiesbaden: Springer VS.

Kannengießer, S. (2022): *Digitale Medien und Nachhaltigkeit*. Wiesbaden: Springer VS.

Keller, R. (2009): *Softwarebezogene Patente und die verfassungsrechtlichen Eigentumsrechte der Softwareautoren aus Art. 14 GG*. Göttingen: Sierke Verlag.

Kissinger, H., Schmidt, E. & Huttenlocher, D. (2021): *The Age of AI – and our Human Future*. New York: Little, Brown & Company.

Koch, W. (2022): Reichweiten von Social-Media-Plattformen und Messengern. *Media Perspektiven – ARD/ZDF-Onlinestudie 2022*, 10 (2), S. 471–478. https://www.ard-media.de/fileadmin/user_upload/media-perspektiven/ARD-ZDF-Onlinestudie/2022__Reichweiten_von_Social_Media_und_Messengern.pdf [Zugriff: 20.07.2024].

Köser, N., Kliemann, L. & Witt, S. (2005, 26. Mai): *Informationsbroschüre Softwarepatente – Richtlinie zur Patentierbarkeit computerimplementierter Erfindungen*. Kiel: Selbstverlag. http://www.datenritter.de/swpat/ep_br_online_nospon.pdf [Zugriff: 20.07.2024].

Kreye, A. (2021, 7. Dezember): *Warum die Rohingya Facebook verklagen*. Süddeutsche Zeitung, https://www.sueddeutsche.de/politik/rohingya-facebook-meta-klage-1.5482494 [Zugriff: 20.07.2024].

KriKoWi, o. Verf. (2017): *Selbstverständnis – Warum Kritische Kommunikationswissenschaft?* krikowi.net, https://krikowi.net/selbstverstaendnis/ [Zugriff: 20.07.2024].

Kuketz, M. (2017, 25. Januar): *Datenhändler: Wir sind gläsern*. Kuketz-Blog, https://www.kuketz-blog.de/datenhaendler-wir-sind-glaesern-datensammler-teil1/ [Zugriff: 20.07.2024].

Küster, H. (2010): *Geschichte der Landschaft in Mitteleuropa – von der Eiszeit bis zur Gegenwart* (2. Aufl.). München: C.H. Beck Verlag.

Landesanstalt für Medien NRW (2023, 16. Mai): *Hate Speech Forsa-Studie 2023 – Zentrale Untersuchungsergebnisse*. Medienanstalt-nrw.de, https://www.medienanstalt-nrw.de/fileadmin/user_upload/NeueWebsite_0120/Themen/Hass/forsa_LFMNRW_Hassrede2023_Praesentation.pdf [Zugriff: 20.07.2024].

Lange, S. & Santarius, T. (2018): *Smarte grüne Welt? Digitalisierung zwischen Überwachung, Konsum & Nachhaltigkeit*. München: oekom Verlag.

Lange, S., Pohl, J. & Santarius, T. (2020): Digitalization and energy consumption. Does ICT reduce energy demand? In: *Ecological Economics*, 176. https://doi.org/10.1016/j.ecolecon.2020.106760.

Lewis, P. (2018, 2. Februar): *'Fiction is outperforming reality': how YouTube's algorithm distorts truth*. The Guardian, https://www.theguardian.com/technology/2018/feb/02/how-youtubes-algorithm-distorts-truth [Zugriff: 20.07.2024].

Liebold, R. & Trinczek, R. (2009). Experteninterview. In: Kühl, S., Strodtholz, P. & Taffertshofer, A. (Hrsg.):*Handbuch Methoden der Organisationsforschung*. Wiesbaden, Springer VS, S. 32–56.

Liesching, M. et al. (2021): *Das NetzDG in der praktischen Anwendung: Eine Teilevaluation des Netzwerkdurchsetzungsgesetzes*. Band 3. (Medienrecht & Medientheorie.) Berlin: Carl Grossmann Verlag.

Linß, V. (2021, 25. März): *Die Entzauberung des Silicon Valley*. Deutschlandfunk Kultur, https://www.deutschlandfunkkultur.de/techfirmen-auf-dem-pruefstand-die-entzauberung-des-silicon-100.html [Zugriff: 20.07.2024].

Lobo, S. (2014, 3. September): *Auf dem Weg in die Dumpinghölle*. Spiegel Netzwelt, https://www.spiegel.de/netzwelt/netzpolitik/sascha-lobo-sharing-economy-wie-bei-uber-ist-plattform-kapitalismus-a-989584.html [Zugriff: 20.07.2024].

Löffelbein, K. (2018, 27.06.): *Das ist doch Schrott*. fluter „Märkte", Bilderstrecke, https://www.fluter.de/elektroschrott-altgeraete-illegal-entsorgt-in-afrika-china [Zugriff: 20.07.2024].

Mackintosh, E. (2021, 25. Oktober): *Facebook knew it was being used to incite violence in Ethiopia. It did little to stop the spread, documents show*. CNN, https://edition.cnn.com/2021/10/25/business/ethiopia-violence-facebook-papers-cmd-intl/index.html [Zugriff: 20.07.2024].

Manktelow, A. et al. (2022): *The Global Risks Report 2022*, 17th Edition (Insight Report, World Economic Forum). World Economic Forum, https://www3.weforum.org/docs/WEF_The_Global_Risks_Report_2022.pdf [Zugriff: 20.07.2024].

Marker, K. (2013): Know Your Enemy. Zur Funktionalität der Hassrede für wehrhafte Demokratien. In: Meibauer, J. (Hrsg.): *Hassrede/Hate Speech: Interdisziplinäre Beiträge zu einer aktuellen Diskussion*. Gießen: Uni Gießen, S. 59–94.

Martens, J. & Obenland, W. (2017): *Die Agenda 2030 – Globale Zukunftsziele für nachhaltige Entwicklung*. Global Policy Forum, terre des hommes (Hrsg.), Bonn/Osnabrück.

Mayring, P. (2022): *Qualitative Inhaltsanalyse* (13. Aufl.) Weinheim Basel: Beltz Verlag.

Meadows, D. H. et al. (1972): *The Limits to Growth. A Report for the Club of Rome's Project on the Predicament of Mankind* (MIT Massachusetts Institute of Technology). New York: Universe Books.

Meibauer, J. (2013): Hassrede – von der Sprache zur Politik. In: Meibauer, J. (Hrsg.): *Hassrede/Hate Speech: Interdisziplinäre Beiträge zu einer aktuellen Diskussion*. Gießen: Uni Gießen, S. 1–16.

Mendos et al. (2020): *State-Sponsored Homophobia 2020: Global Legislation Overview Update*. ILGA World, https://ilga.org/wp-content/uploads/2023/11/ILGA_World_State_Sponsored_Homophobia_report_global_legislation_overview_update_December_2020.pdf [Zugriff: 20.07.2024].

Merten, K. (1977): Kommunikation : *Eine Begriffs- und Prozeßanalyse*. Wiesbaden: VS Verlag für Sozialwissenschaften.

Merten, K. (1999): *Einführung in die Kommunikationswissenschaft* (3. Aufl.). Münster: LIT Verlag.

Messingschlager, T. & Holtz, P. (2020): Filter Bubbles und Echo Chambers. In: Appel, M. (Hrsg.): *Die Psychologie des Postfaktischen – über Fake News, ‚Lügenpresse', Clickbait und Co.* Berlin: Springer-Verlag, S. 91–102.

Michot, S. et al. (2022, 1. Februar): *Algorithmenbasierte Diskriminierung – Warum Antidiskriminierungsgesetze jetzt angepasst werden müssen* (Policy Brief #5, Algorithmwatch). algorithmwatch.org, https://algorithmwatch.org/de/wp-content/uploads/2022/02/DAH_Policy_Brief_5.pdf [Zugriff: 20.07.2024].

Montag, C. (2018): Filterblasen: Wie wirken sich Filterblasen unter Berücksichtigung von Persönlichkeit auf (politische) Einstellung aus? In: Baldauf, j., Ebner, J. & Guhl, J. (Hrsg.): *Hassrede und Radikalisierung im Netz – Der OCCI-Forschungsbericht.* London, Washington, Beirut, Toronto: ISD.

MPFS / Medienpädagogischer Forschungsverband Südwest (Hrsg.) (2023): JIM-Studie. Medienpädagogischer Forschungsverbund Südwest / Landesanstalt für Kommunikation (LFK). MPFS, https://www.mpfs.de/fileadmin/files/Studien/JIM/2022/JIM_2023_web_final_kor.pdf [Zugriff: 20.07.2024].

Müller, J.-W. (2016): *Was ist Populismus?* Berlin: Suhrkamp Verlag.

Naumann, S. et al. (2021): *Umweltzeichen Blauer Engel für ressourcen- und energieeffiziente Softwareprodukte* (Studie, Institut für Softwaresysteme, Birkenfeld). Umweltbundesamt (Hrsg.). https://www.umweltbundesamt.de/sites/default/files/medien/479/publikationen/texte_119-2021_umweltzeichen_blauer_engel_fuer_ressourcenund_energieeffiziente_softwareprodukte.pdf [Zugriff: 20.07.2024].

Neis, M. & Mara, M. (2020): Social Bots – Meinungsroboter im Netz. In: Appel, M. (Hrsg.): *Die Psychologie des Postfaktischen – über Fake News, ‚Lügenpresse', Clickbait und Co.* Berlin: Springer-Verlag, S. 189–204.

Niklas, J. (2015): *Profiling the Unemployed in Poland: Social and Political Implications of Algorithmic Decision Making.* Warschau: Fundacja Panoptykon.

O'Dea, S. (2021, 8. Mai): *Global smartphone shipments forecast from 2010 to 2022.* Statista, https://www.statista.com/statistics/263441/global-smartphone-shipments-forecast [Zugriff: 20.07.2024].

OECD, o. Verf. (2015): *All on Board: Making Inclusive Growth Happen.* Paris: OECD Publishing. https://doi.org/10.1787/9789264218512-en.

ORF, o. Verf. (2010): *Giftschlamm: Zehntes Opfer starb im Spital.* ORF. https://newsv2.orf.at/stories/2023839/ [Zugriff: 20.07.2024].

Paine, R. T. (1995): A Conversation on Refining the Concept of Keystone Species. In: *Conservation Biology*, 9 (4), S. 962–964. https://doi.org/10.1046/j.1523-1739.1995.09040962.x.

Pariser, E. (2011): *The filter bubble. What the Internet is hiding from you.* London: Penguin Books.

Pasquinelli, M. (2018): Metadata Society. In: Braidotti, R., & Hlavajova, M. (Hrsg.): *Posthuman Glossary.* London: Bloomsbury Publishing, S. 253–256.

Picardo, J., McKenzie, S. K., Collings, S. & Jenkin, G. (2020): *Suicide and self-harm content on Instagram: A systematic scoping review.* PLOS ONE 15(9). https://doi.org/10.1371/journal.pone.0238603.

Pilgrim, H., Groneweg, M. & Michael R., (2017): *Ressourcenfluch 4.0 – Die sozialen und ökologischen Auswirkungen von Industrie 4.0 auf den Rohstoffsektor*. Berlin: PowerShift e. V.

Pohl, J. et al. (2021): Environmental saving potentials of a smart home system from a life cycle perspective: How green is the smart home? In: *Journal of Cleaner Production*, 312 (127845). https://doi.org/10.1016/j.jclepro.2021.127845.

Powell, L. (2019, 28. Oktober): *Molly Russell entered 'dark rabbit hole of suicidal content' online, says father*. Belfast Telegraph online, https://www.belfasttelegraph.co.uk/news/uk/molly-russell-entered-dark-rabbit-hole-of-suicidal-content-online-says-father/38636993.html [Zugriff: 20.07.2024].

Prakash, S. et al. (2016): *Einfluss der Nutzungsdauer von Produkten auf ihre Umweltwirkung: Schaffung einer Informationsgrundlage und Entwicklung von Strategien gegen „Obsoleszenz"* (Forschungsstudie des Öko-Instituts e. V. und des Bundesministeriums für Umwelt, Naturschutz, Bau und Reaktorsicherheit im Auftrag des Umweltbundesamts, Kennzahl 371332315). Umweltbundesamt, https://www.umweltbundesamt.de/sites/default/files/medien/378/publikationen/texte_11_2016_einfluss_der_nutzungsdauer_von_produkten_obsoleszenz.pdf [Zugriff: 20.07.2024].

Priester, K. (2017, 16. Januar): *Das Syndrom des Populismus*. Bundeszentrale für politische Bildung, https://www.bpb.de/themen/parteien/rechtspopulismus/240833/das-syndrom-des-populismus/ [Zugriff: 20.07.2024].

Primack, B. A. et al. (2021): Temporal Associations Between Social Media Use and Depression. In: *American Journal of Preventive Medicine*, 60, S. 179–188.

Privacy International, o. Verf. (2018, 29. Dezember): How Apps on Android Share Data with Facebook. Privacy International, https://privacyinternational.org/sites/default/files/2018-12/How%20Apps%20on%20Android%20Share%20Data%20with%20Facebook%20-%20Privacy%20International%202018.pdf [Zugriff: 20.07.2024]

Przyborski, A. & Wohlrab-Sahr, M. (2008): Qualitative Sozialforschung: Ein Arbeitsbuch (5. Aufl.). Mohr A. (Hrsg.): *Lehr- und Handbücher der Soziologie*. Berlin/Boston: Walter de Gruyter.

Pürer, H., Springer, N. & Eichhorn, W. (2015): *Grundbegriffe der Kommunikationswissenschaft*. Konstanz und München: UTB Verlag.

PwC, o. Verf. (2023): *Global Top 100 companies by market capitalisation*. pwc.de, https://www.pwc.de/de/deals/ranking-der-100-wertvollsten-unternehmen/2023/pwc-global-top-100-companies-2023.pdf [Zugriff: 20.07.2024].

Rauchfleisch, A. & Kaiser, J. (2021): *Deplatforming the far-right: An analysis of YouTube and BitChute*. SSRN, https://doi.org/10.2139/ssrn.3867818.

Reinsel, D., Gantz, J. & Rydning, J. (2018): *The Digitization of the World: From Edge to Core* (White Paper, International Data Corporation). Data Age 2025. https://www.seagate.com/files/www-content/our-story/trends/files/idc-seagate-dataage-whitepaper.pdf [Zugriff: 20.07.2024].

Reuter, M. & Köver, C. (2019, 23. November): *Gute Laune und Zensur*. Netzpolitik.org, https://netzpolitik.org/2019/gute-laune-und-zensur/ [Zugriff: 20.07.2024].

Ritchie, H., Rosado, P. & Roser, M. (2023): *CO2 and Greenhouse Gas Emissions*. OurWorldInData.org, https://ourworldindata.org/co2-and-greenhouse-gas-emissions' [Zugriff: 20.07.2024].

Roberts, D. (2017, 19. Mai): *Donald Trump and the rise of tribal epistemology – Journalism cannot be neutral toward a threat to the conditions that make it possible*. Vox Media, https://www.vox.com/policy-and-politics/2017/3/22/14762030/donald-trump-tribal-epistemology [Zugriff: 20.07.2024].

Schechner, S. & Secada, M. (2019, 22. Februar): *You Give Apps Sensitive Personal Information. Then They Tell Facebook*. The Wall Street Journal, https://www.wsj.com/articles/you-give-apps-sensitive-personal-information-then-they-tell-facebook-11550851636 [Zugriff: 20.07.2024].

Schellenberg, B. (2018, 28. Oktober): *Rechtspopulismus im europäischen Vergleich – Kernelemente und Unterschiede*. Bundeszentrale für politische Bildung, https://www.bpb.de/themen/parteien/rechtspopulismus/240093/rechtspopulismus-im-europaeischen-vergleich-kernelemente-und-unterschiede [Zugriff: 20.07.2024].

Schneidewind, U. (2017): Einfacher gut leben: Suffizienz und Postwachstum. *Politische Ökologie*, 148 (1), S. 98–103.

Schrader, L. (2022, 14. November): *Gewaltsame Konflikte und Kriege – aktuelle Situation und Trends*. Bundeszentrale für politische Bildung, https://www.bpb.de/themen/kriege-konflikte/dossier-kriege-konflikte/54569/gewaltsame-konflikte-und-kriege-aktuelle-situation-und-trends [Zugriff: 20.07.2024].

Seemann, M. & Kreil, M. (2017, 17. September): *Digitaler Tribalismus und Fake News*. ctrl+verlust, https://www.ctrl-verlust.net/digitaler-tribalismus-und-fake-news/ [Zugriff: 20.07.2024].

Serfling, O. (2018, 10. Oktober): *Crowdworking Monitor Nr. 1*. (Projektbericht, Hochschule Rhein-Waal). Bundesministerium für Arbeit und Soziales, https://www.bmas.de/SharedDocs/Downloads/DE/Meldungen/2018/crowdworking-monitor.pdf [Zugriff: 20.07.2024].

Seubert, S. (2014, 1. Dezember): Kommunikatives Unterfutter – über die Bedeutung privater „Räume". *Forschung & Lehre* 12/14, Universität Frankfurt, S. 964–965. Uni Frankfurt, https://www.fb03.uni-frankfurt.de/53181533/interview_dhv_seubert.pdf [Zugriff: 20.07.2024].

Shehabi, A., Walker, B. & Masanat, E. (2014): The energy and greenhouse-gas implications of internet video streaming in the United States. *Environmental Research Letters*, 9 (5), https://doi.org/10.1088/1748-9326/9/5/054007.

Shukla, P.R. et al. (Hrsg.): Climate Change 2022: Mitigation of Climate Change. Contribution of Working Group III to the IPCC Sixth Assessment Report. Cambridge: Cambridge University Press, https://doi.org/10.1017/9781009157926.

Smoltczyk, M. & Kugelmann, D. (2021, 5. Februar): „Schluss mit den Attacken auf den Datenschutz": Die billige Suche nach Sündenböcken löst keine Probleme. Tagesspiegel, https://www.tagesspiegel.de/politik/die-billige-suche-nach-sundenbocken-lost-keine-probleme-4227139.html [Zugriff: 20.07.2024].

Sonter, L. J. et al. (2017): Mining drives extensive deforestation in the Brazilian Amazon. In: *nature communications*, 8 (1013), https://doi.org/10.1038/s41467-017-00557-w.

Spiegel, o. Verf. (2020, 23. Januar): *Myanmar muss Rohingya vor Völkermord schützen*. Spiegel Online, https://www.spiegel.de/ausland/myanmar-muss-rohingya-vor-voelkermord-schuetzen-a-bb6aaeec-7f27-41a8-a4a4-301df18abe9f [Zugriff: 20.07.2024].

Staab, P. (2020): *Digitaler Kapitalismus – Markt und Herrschaft in der Ökonomie der Unknappheit* (2. Aufl.). Berlin: Suhrkamp Verlag.

Stahlmann, V. (2008): Lernziel: *Ökonomie der Nachhaltigkeit: Eine anwendungsorientierte Übersicht*. München: oekom Verlag.

Stalder, F. (2019): *Kultur der Digitalität* (4. Aufl.). Berlin: Suhrkamp Verlag.

Statcounter, o. Verf. (2023): *Desktop vs Mobile vs Tablet Market Share Worldwide*. Global Stats Statcounter, https://gs.statcounter.com/platform-market-share/desktop-mobile-tablet/worldwide/yearly-2011-2024 [Zugriff: 20.07.2024].

Stein, J.-P., Sehic, S. & Appel. M. (2020): Machtvolle Bilder und Bildmanipulationen. In: Appel, M. (Hrsg.): *Die Psychologie des Postfaktischen – über Fake News, ‚Lügenpresse', Clickbait und Co*. Berlin: Springer-Verlag, S. 177–188.

Störmer, E. (2001): *Ökologieorientierte Unternehmensnetzwerke – Regionale umweltinformationsorientierte Unternehmensnetzwerke als Ansatz für eine ökologisch nachhaltige Wirtschaftsentwicklung*. München: utz-Verlag.

Stuermer, M., Abu-Tayeh, G. & Myrach, T. (2016, 1. Dezember): Digital sustainability: basic conditions for sustainable digital artifacts and their ecosystems. *Sustainability Science*, 12, S. 247–262. https://doi.org/10.1007/s11625-016-0412-2.

Sühlmann-Faul, F. & Rammler, S. (2018): *Der blinde Fleck der Digitalisierung – wie sich Nachhaltigkeit und digitale Transformation in Einklang bringen lassen*. München: oekom Verlag.

Sunstein, C. (2017): *#republic: divided democracy in the age of social media*. New Jersey: Princeton University Press.

Tangens, R. (2017): *bitkom – penetrante Lobby gegen Datenschutz*. BigBrotherAward, https://bigbrotherawards.de/2017/it-branchenverband-bitkom [Zugriff: 20.07.2024].

UNCED/United Nations Conference on Environment and Development (1992): *Agenda 21*. United Nations Sustainable Development, https://sustainabledevelopment.un.org/content/documents/Agenda21.pdf [Zugriff: 20.07.2024].

Urzì-Brancati, M. C., Pesole, A. & Férnandéz-Macías, E. (2020): *New evidence on platform workers in Europe. Results from the second COLLEEM survey*. Joint Research Centre, EUR 29958 EN, Luxemburg: Publications Office of the European Union. https://doi.org/10.2760/459278.

Vitols, K. (2011): *Nachhaltigkeit – Unternehmensverantwortung – Mitbestimmung*. (Forschung aus der Hans-Böckler-Stiftung (HBS)). Nomos: Baden-Baden.

Vonnahme, T. R. et al. (2020): Effects of a deep-sea mining experiment on seafloor microbial communities and functions after 26 years. In: *ScienceAdvances*, 6 (18). https://doi.org/10.1126/sciadv.aaz5922.

Watzlawick, P., Beavin, J. H. & Jackson, D. D. (2017): *Menschliche Kommunikation: Formen, Störungen, Paradoxien* (13. Aufl.). Bern: Hans Huber Verlag.

Weber, E. (2020): Digitale Soziale Sicherung: Potenzial für die Plattformarbeit. *Wirtschaftsdienst*, 100, S. 37–40. https://doi.org/10.1007/s10273-020-2613-7.

Weber, R. & Beckstein, M. (2014): *Politische Ideengeschichte – Interpretationsansätze in der Praxis*. Göttingen: Vandenhoeck & Ruprecht.

Wells, G., Horwitz, J. & Seetharaman, D. (2021, 14. September): *Facebook Knows Instagram Is Toxic for Teen Girls, Company Documents Show*. Wall Street Journal. WSJ, https://www.wsj.com/articles/facebook-knows-instagram-is-toxic-for-teen-girls-company-documents-show-11631620739 [Zugriff: 20.07.2024].

Wenzel, F.-T. (2020, 21. März): *Auslastung durch Corona-Isolation: Ist das Internet in Gefahr?* Redaktionsnetzwerk Deutschland, https://www.rnd.de/digital/internet-wahrend-der-corona-krise-ist-das-netz-uberlastet-PQWK3OMCTZCPVF2BOWFSNPYZ3Q.html [Zugriff: 20.07.2024].

Wilkens, A. (2013, 9. Juni): *PRISM-Whistleblower bekennt sich.* Heise online, https://www.heise.de/-1885409 [Zugriff: 20.07.2024].

Windwehr, S. & York, J. (2020, 5. August): *Die bislang schlimmste Kopie des deutschen Netzwerkdurchsetzungsgesetzes.* Netzpolitik.org, https://netzpolitik.org/2020/tuerkisches-internet-gesetz-die-bislang-schlimmste-kopie-des-deutschen-netzwerkdurchsetzungsgesetzes/ [Zugriff: 20.07.2024].

Winiwarter, V. & Bork, H.-R. (2015): *Geschichte unserer Umwelt. Sechzig Reisen durch die Zeit.* Darmstadt: Theiss Verlag.

WMO, o. Verf. (2024, 19. März): *State of the Global Climate 2023.* WMO-Nr. 1347.

World Meteorological Organization. https://library.wmo.int/viewer/68835/download?file=1347_Global-statement-2023_en.pdf&type=pdf&navigator=1 [Zugriff: 20.07.2024].

Worldbank (2022): *Mortality rate under 5.* Worldbank.org, https://data.worldbank.org/indicator/SH.DYN.MORT [Zugriff: 20.07.2024].

Worldbank (2023a): *Poverty headcount ratio.* Worlbank.org, https://data.worldbank.org/indicator/SI.POV.DDAY [Zugriff: 20.07.2024].

Worldbank (2023b): *Gini index.* Worldbank.org, https://data.worldbank.org/indicator/SI.POV.GINI [Zugriff: 20.07.2024].

Wright, J. & Vazquez, M. (2022, 8. Juli): *White House says Americans should be 'really careful' about using period tracker apps.* CNN Politics, https://edition.cnn.com/2022/07/08/politics/white-house-period-tracker-apps/index.html [Zugriff: 20.07.2024].

Wulff, A. & Roßbach, C. (2022): *Ghana – Die Vorzeigedemokratie plant ein hartes Anti-LGBTQ+-Gesetz* (Länderbericht der Konrad-Adenauer-Stiftung). KAS.de, https://www.kas.de/documents/252038/16191335/Ghana+%E2%80%93+Die+Vorzeigedemokratie+plant+ein+hartes+Anti-LGBTQ%2B-Gesetz.pdf/a60efacf-d4e4-cd82-316c-616d2c0b9263?version=1.0&t=1646384915837 [Zugriff: 20.07.2024].

Xu, V. X. et al. (2020): Front Matter. In Uyghurs for sale: 'Re-education', forced labour and surveillance beyond Xinjiang (Policy Brief Report 26/2020, Australian Strategic Policy Institute). ASPI, https://www.aspi.org.au/report/uyghurs-sale [Zugriff: 20.07.2024].

Zeng, Y., et al. (2020): Environmental destruction not avoided with the Sustainable Development Goals. *Nature Sustainability*, 3, S. 795–798.

Zenith, o. Verf. (2017, 20. Dezember): *Online-Werbung erobert 40 Prozent des weltweiten Werbemarkts.* Publicismedia.at, https://www.publicismedia.at/blog/2017/12/20/online-werbung-erobert-40-prozent-des-weltweiten-werbemarkts/ [Zugriff: 20.07.2024].

Zuboff, S. (2019): Surveillance capitalism – Überwachungskapitalismus. *Aus Politik und Zeitgeschichte* 24-26/2019, S. 4–9. Bundeszentrale für politische Bildung, https://www.bpb.de/shop/zeitschriften/apuz/292337/surveillance-capitalism-ueberwachungskapitalismus-essay/ [Zugriff: 20.07.2024].

Zuboff, S. (2021, 29. Januar): *The Coup we are not talking about.* The New York Times, https://www.nytimes.com/2021/01/29/opinion/sunday/facebook-surveillance-society-technology.html [Zugriff: 20.07.2024].

Zuiderveen Borgesius, F. et al. (2016): Should we worry about filter bubbles? *Internet Policy Review*, 5 (1). https://doi.org/10.14763/2016.1.401.